# CADRANS SOLAIRES

# LÉGENDES

# ET DEVISES HORAIRES

## à Reims
### dans la Région, en France

PAR

## Henri JADART

*Bibliothécaire de la Ville de Reims*

REIMS

MATOT-BRAINE, IMPRIMEUR-LIBRAIRE-ÉDITEUR

Henri MATOT (à tr.), Fils et Successeur

6, RUE DU CADRAN-SAINT-PIERRE, 6

1912

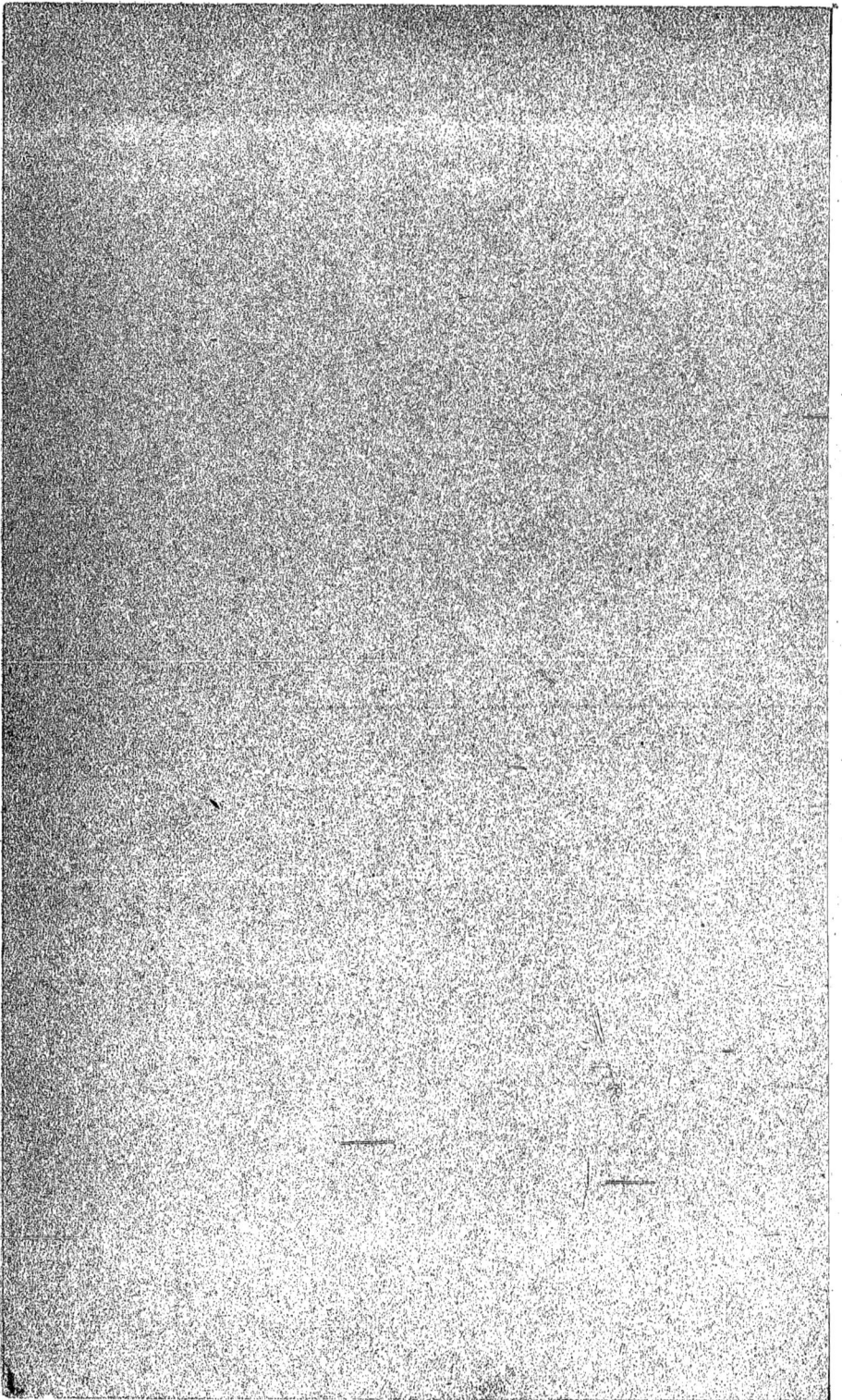

# CADRANS SOLAIRES

# LÉGENDES ET DEVISES HORAIRES

# CADRANS SOLAIRES

# LÉGENDES

# ET DEVISES HORAIRES

## à Reims

## dans la Région, en France

PAR

### Henri JADART

*Bibliothécaire de la Ville de Reims*

REIMS

MATOT-BRAINE, IMPRIMEUR-LIBRAIRE-ÉDITEUR

Henri MATOT (I ❀), Fils et Successeur

6, Rue du Cadran-Saint-Pierre, 6

—

1911

# PRÉAMBULE

*Après avoir parcouru depuis longtemps notre chère région natale, des bords de l'Aisne à ceux de la Meuse au nord et de la Marne au midi, pour y admirer la beauté des sites, y rechercher les monuments anciens et modernes, les vieilles croix, les vieilles cloches, les vieilles églises et les vieux châteaux, les vieux arbres aussi, voici que nous y découvrons encore les vieux cadrans solaires et leurs légendes, elles, toujours fraîches, toujours instructives sous la poussière du temps.*

*On nous pardonnera de développer cette nouvelle liste de curiosités attrayantes, parfois amusantes, sans prétendre les découvrir seul, car beaucoup d'amis nous ont aidé à les décrire, sans prétendre non plus être complet dans cette vaste région rémoise des départements de la Marne, des Ardennes et de l'Aisne. L'élan est donné à d'autres chercheurs, aux possesseurs eux-mêmes de ces cadrans qui en dénonceront la présence chez eux, car ils se cachent souvent comme l'heure dernière qu'ils recèlent pour chacun de nous (Ultima latet) ; ils se dérobent dans les cours et les jardins inaccessibles au voyageur pressé et au touriste le plus investigateur. Qui, d'ailleurs, pourrait se vanter d'avoir tout vu sur son chemin, tout rencontré selon ses désirs et tout compris en raison de sa peine ? Ce n'est pas nous qui en aurions l'audace et nous rentrons notre moisson sans la vanter comme abondante et complète.*

*Pour augmenter les gerbes, nous donnerons par surcroît un regain de cadrans solaires et de devises horaires recueillis en plusieurs villes de France, en dehors de cette région rémoise qui était notre premier champ d'action. On nous le pardonnera encore, vu le profit qui résultera de ce coup d'œil prolongé sur le champ agrandi de notre cher pays de France, où la langue est partout la même, où les mœurs, les traditions, les douces légendes du passé se ressemblent et se confondent dans une indestructible unité.*

Reims, le 8 février 1910.

Henri JADART.

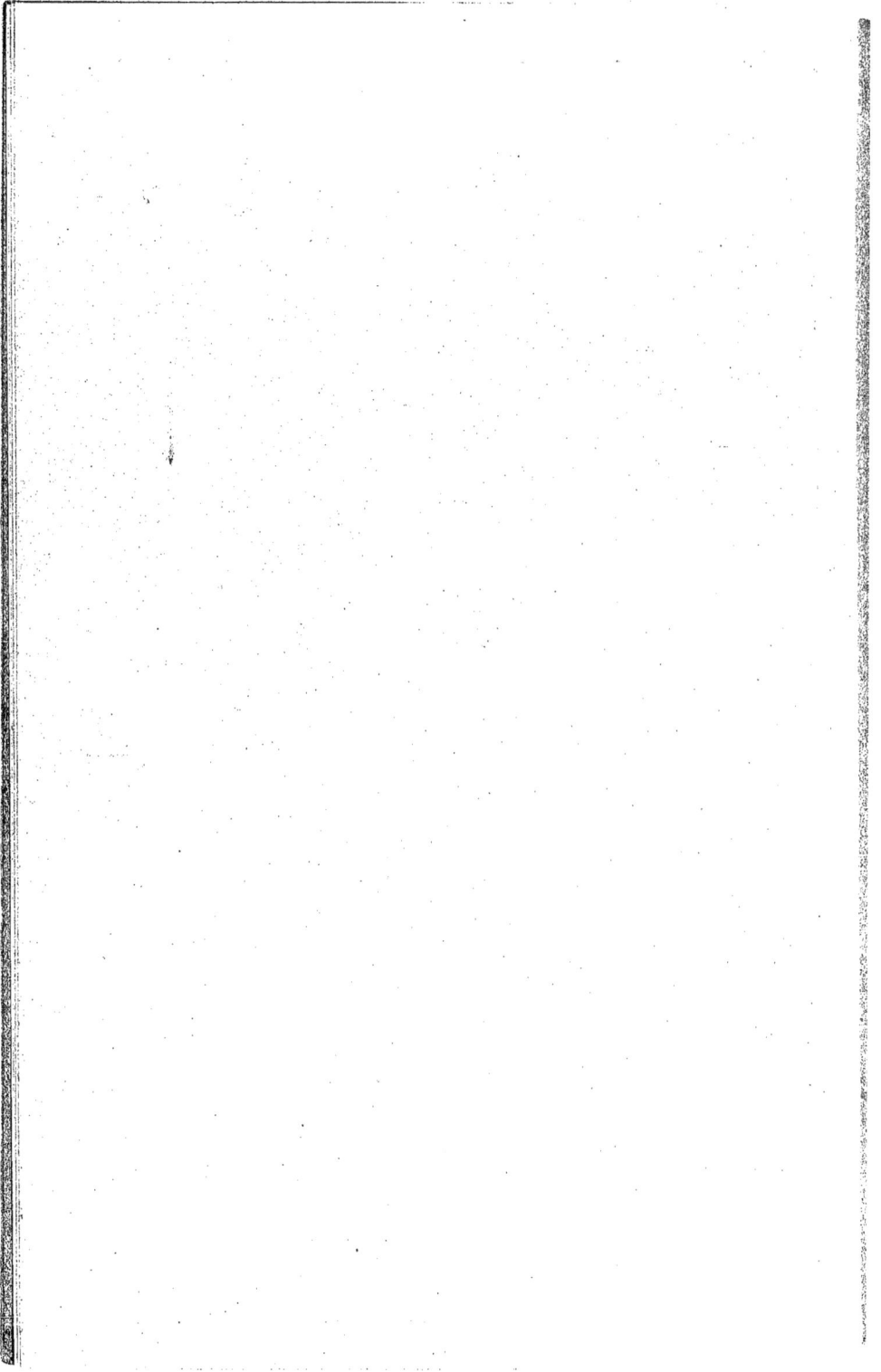

# CADRANS SOLAIRES

# LÉGENDES ET DEVISES HORAIRES

## à Reims, dans la Région, en France

---

### Ville de Reims

En terminant un récent article sur les cloches et les horloges à Reims, nous disions que les cadrans solaires et leurs curieuses légendes étaient devenus bien rares en cette ville (1). Nous n'y connaissons, en effet, que huit de ces cadrans solaires si fréquents autrefois, et encore cinq ou six d'entre eux ont été tracés au xixᵉ siècle. C'est donc un seul avec certitude qui nous reste de l'art ancien, ou du moins qui remonte par son style au xviiiᵉ siècle : il est digne par conséquent, à tous les points de vue, d'être ici décrit et reproduit en tête des autres comme une épave, une relique de l'antique gnomonique usitée dans nos murs (2).

Ce vétéran se trouve conservé avec soin, à la hauteur

---

(1) *Courrier de la Champagne* du 11 décembre 1908.

(2) Le *Gnomon* est le style dont les astronomes se servent pour connaître la hauteur du soleil. La *Gnomonique,* est l'art de tracer des cadrans solaires sur un plan ou sur la surface d'un corps quelconque. — *La Gnomonique ou l'art de tracer des cadrans ou horloges solaires..* par M. de la HIRE, de l'Académie Royale des sciences.. — *Paris, Et. Michalle,* 1682, in-12 (*Bibliothèque de Reims*). — Mentions manuscrites sur ce volume : *A l'usage du P. Jean Mopinot, religieux minime. De la Bibliothèque des Minimes de Reims, Sub litt. N. nᵒ 390.* — On n'y trouve aucune notion sur les devises horaires.

de l'étage supérieur et sur la face au midi, dans la cour de la maison n° 2 de la rue de Luxembourg, tout près de la rue Cérès. C'est une peinture en grisaille, appliquée sur la muraille et reposant sur un grand panneau rectangulaire, dont le cadran forme le centre et la décoration le cadre.

Dans un cartouche, au sommet, se lisent les initiales D. et G. (1). Deux génies assis de chaque côté déroulent des cornes d'abondance. Le cadran occupe le fond et des guirlandes, fleurs et fruits en rehaussent les contours (2). Au bas se détache la légende en lettres majuscules inscrites sur une banderole :

### NIL SINE SOLE

*Rien sans le soleil.*

légende qui s'adresse à la puissance de l'astre lumineux sans lequel le cadran serait inutile.

Un autre cadran se trouve dans la cour de la maison n°° 3 et 5 de la rue Nanteuil, où habite un boulanger, ancienne demeure de M. Pérard, agent de change (3). Il est peint en noir sur le haut d'un mur au midi et fort bien entretenu. Le tracé en est net et soigné ; il donne la ligne méridienne prolongée dans le bas et les chiffres des autres heures (4). Il porte en outre la date de 1846, et sa légende est inscrite en capitales dans une bande-

---

(1) Ces initiales sont celles de la famille David-Godinot, qui habitait cette maison au xviii° siècle, d'après les indications données par M. Louis Demaison, archiviste de la Ville.

(2) Les façades de la cour ont été repeintes en 1909, et le cadran lavé avec soin. M. Bedon, l'un des locataires de la maison, a bien voulu nous en procurer la photographie. Le cliché reproduit ici est dû à M. Jules Matot, notre dévoué collaborateur.

(3) Cette maison communique avec la place Royale par un passage que clôt une fort belle grille de l'époque de la place.

(4) Il n'offre pas cependant la « Méridienne du temps moyen, courbe en forme de 8 qu'on trace souvent autour de la ligne de midi d'un cadran solaire, et qui indique le midi en temps moyen pour chaque mois de l'année. » (*Dict. de Littré.*)

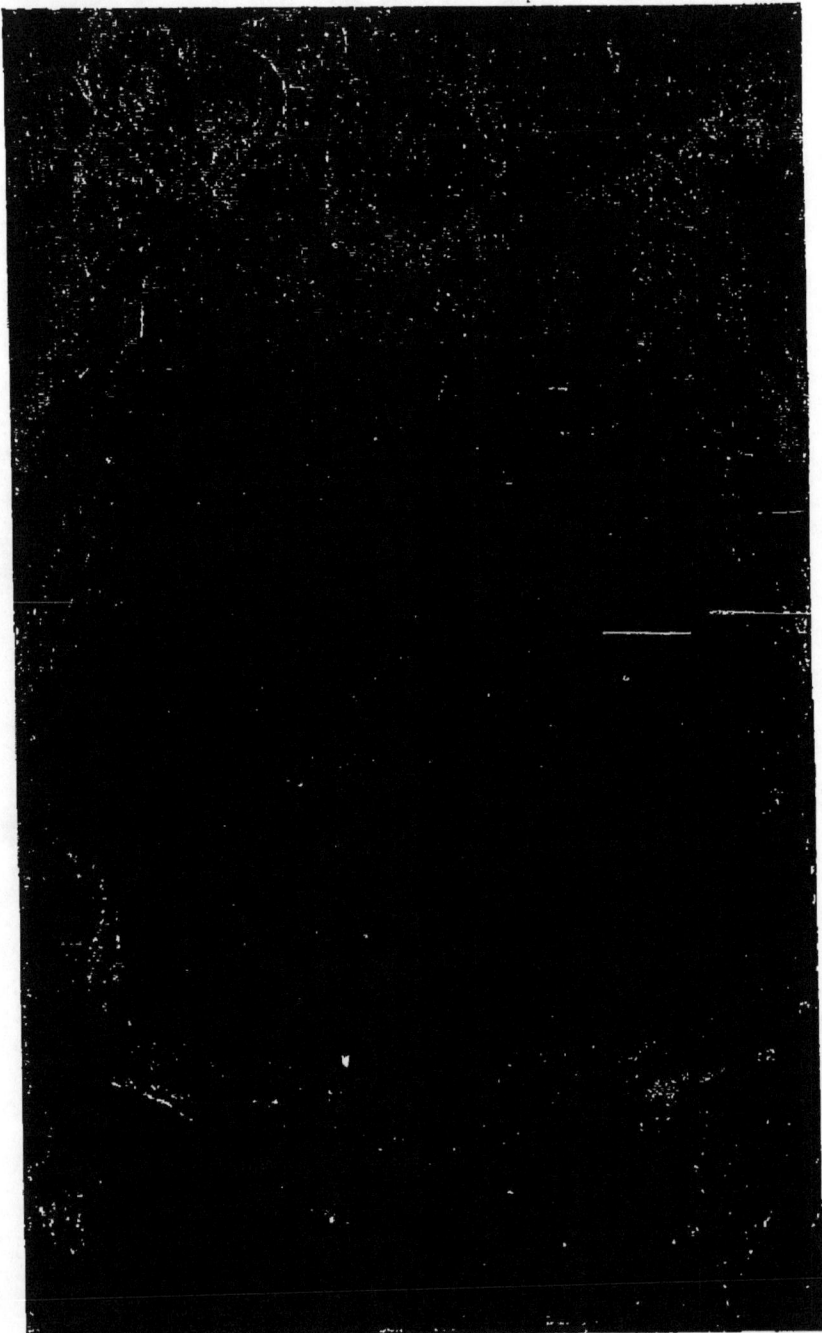

*Cliché Jules Matot, amateur.*

REIMS, 2, RUE DE LUXEMBOURG

role au sommet. C'est un vers latin qui invite les gens heureux à laisser couler le temps, à l'oublier :

HORAS OSTENDO CIRCUM, OBLIVISCERE FELIX

*Je montre les heures autour de moi : oublie-les,*
*si tu es heureux !*

On en voit un troisième, également peint en noir, mais sans ligne méridienne, au fond de la petite cour de la maison, 8, place Saint-Timothée, où habita long-temps un horloger, M. Richard-Bona, maintenant siège d'une boucherie hippophagique. Le cadran, encore muni de sa tige en fer, est visible de la rue Pasteur (ancienne rue du Grand-Cerf), et il montre la date de 1858 au sommet, avec la légende en dessous, avertissant le passant de la rapidité du temps :

HORA FUGIT

*L'heure s'enfuit*

Par ordre chronologique venait un quatrième cadran portant la date de 1865, qui se voyait encore très nette-ment en 1885 sur la façade d'une vieille maison basse de la rue de Venise, n° 50, en face du Pensionnat des Frères. Il offrait de grandes dimensions dans ses lignes peintes en noir et en rouge, dont il ne reste aujourd'hui que des traces peu visibles, recouvertes de badigeon et destinées à disparaître bientôt totalement. Il n'avait d'ailleurs aucun caractère particulier, et pas de légende à recueillir.

Un cinquième cadran échappera à cette cause de dis-parition par la vétusté de la couleur, car il est sculpté, avec art et élégance, sur un panneau en pierre, au pre-mier étage de la maison n° 21 de la rue Linguet. On se trouve là en face d'un vrai logis d'architecte, percé de larges baies au rez-de-chaussée pour les bureaux, orné au milieu de la façade d'un cartouche avec les attributs de la profession en relief et surmonté d'une banderole portant la devise : *Le beau, le vrai, l'utile*. Au-dessus prend place le cadran que nous signalions comme le plus durable par sa construction, bien qu'il y manque actuellement la tige en fer, il est toujours accompagné de sa prudente devise :

## ULTIMAM TIME

### *Redoute la dernière*

La date gravée au sommet offre le millésime de 1871, et nous savons que la maison fut construite alors et habitée par M. Tuniot, l'un des architectes rémois les plus laborieux et les plus méritants (1).

Le sixième cadran est bien perdu entre les rues des Capucins et du Jard ; nous ne l'avons découvert que sur l'obligeante indication de M. Paul Savy, au mur en appentis donnant sur l'étroite cour de la maison n° 80 de cette dernière rue ; il est très visible, d'autre part, du jardin de la maison n° 117 de la rue des Capucins. Il a été sculpté dans la pierre de la muraille, à une hauteur de 3 à 4 mètres, et bien qu'il soit actuellement effrité par endroits, on y retrouve un cartouche décoratif d'un

(1) *Tuniot* (Auguste-Antoine), né à Oger (Marne), le 9 mai 1825, d'abord employé au bureau d'architecture de la ville de Reims, sous la direction de N. Brunette, commença vers 1855 à édifier quelques constructions particulières. Praticien de notoire honorabilité, il s'attira bientôt une assez forte clientèle et nous savons qu'il fut attaché, pendant un certain temps, aux travaux d'entretien du château de Marchais, appartenant au prince de Monaco. Grâce à des économies laborieusement amassées, il construisit la maison de style néo-grec, qui est à l'angle de la place de l'Hôtel-de-Ville et de la rue de la Prison. En 1871, il transporta ses bureaux dans la maison, rue Linguet, n° 21, dont il rebâtit la façade, suivant le nouvel alignement. A cette maison, il établit en 1880, un cadran solaire avec la devise : *Ultimam time*, sous ledit cadran, où l'aiguille manque aujourd'hui, le sculpteur Wary arrangea un panneau rempli des attributs de la profession d'architecte, avec la devise : *Le beau, le vrai, l'utile*, qui est celle de la Société Centrale des Architectes de Paris. Fatigué d'une carrière difficile, A. Tuniot s'éteignit, après une longue et pénible maladie, le 29 octobre 1890, en un modeste appartement, rue de Tambour, 22. (*Notice due à l'obligeance de M. E. Kalas, architecte*).

bon modèle du xviii° siècle, avec volutes, enroulements et figure à la base. La tige en fer est encore fixée au sommet ; les heures ont été peintes en noir, ainsi que la devise plus récente répétée de chaque côté dans le haut :

### NIL SINE SOLE

*Rien sans le soleil.*

La date de mars 1884 se lit au bas, et nous présumons que c'est celle d'une réfection, le style du cadran lui donnant une origine antérieure et un caractère d'art assez rare aujourd'hui.

Le septième cadran se trouve au mur d'un pignon vers l'est dans le jardin de la maison de M. Victor Lambert, près de la porte Dieu-Lumière, n° 66 ; il est visible en revenant vers la rue Fery. C'est un cadran tout moderne peint en noir, de forme circulaire dans un entourage en briques. On pourrait l'appeler un cadran matinal, car sa tige ne porte l'ombre que sur les heures du lever du soleil : iv, v, vi, vii, viii, ix, x. On pourrait y inscrire : *A solis ortu*, sans ajouter : *usque ad occasum* (1). C'est à ce titre un cadran exemplaire, digne d'orner la demeure d'un homme vigilant, laborieux et généreux du matin au soir de la vie.

Il a été établi aussi un cadran solaire dans sa villa Pérignon au bois de Pouillon.

Le huitième cadran, de forme arrondie est peint en noir, sur le haut d'une muraille vers le sud, dans la cour de la maison de M. Hannesse-Bertrand, rue du Barbâtre, n° 44 ; le style en fer y subsiste, marquant l'heure sur les chiffres romains du pourtour, de six heures du matin à cinq heures du soir. Son caractère accuse le xviii° siècle, mais il ne conserve ni légende, ni date ( 2).

(1) Psaume 112.

(2) Visite du 20 décembre 1909.

Un dernier cadran solaire existant se trouve dans la cour de l'hôtel de la famille Walbaum, qui est occupé par Mme Labarraque, 28, rue Cérès ; il est peint sur la muraille au midi, encore muni du style en fer d'autrefois, marquant les heures de cinq heures du matin à une heure, mais il n'offre ni légende ni date.

Le Musée ethnographique de la Champagne vient de s'enrichir d'un cadran daté de 1761, provenant de Saint-Lambert (Ardennes).

Nous aurions terminé la revue de ce que nous connaissons de cadrans solaires à Reims, si nous ne devions interroger, à leur sujet, les murs de nos anciens monuments et scruter les souvenirs de nos annalistes. Notre cathédrale, comme celle d'Amiens (nous le verrons plus loin), eut son cadran peint ou gravé au portail principal, sur la face ouest, au contrefort d'appui de la tour du sud. Il n'en reste aucune trace, nous l'avons constaté à l'heure actuelle en examinant ces puissantes assises récemment restaurées, mais nous avons le témoignage de l'un des historiens de Notre-Dame, M. le chanoine Cerf, pour attester l'existence d'un méridien, disait-il, encore visible il y a trente-cinq ans à cet endroit (1). Aurait-il été possible alors, comme le souhaitait le bon chanoine, de reconstituer ces lignes et de régler l'horloge moderne à l'aide de l'antique cadran ? Personne des survivants d'alors n'a pu nous le dire, mais ce vénérable tracé méritait bien une mention ici.

Il est probable que le cadran ne datait pas du moyen âge, car il n'est cité dans aucun document, ni reproduit sur aucune des vues du portail antérieures à la Révolution. La gravure de Nicolas de Son en 1625 et celle des frères Varin en 1767, n'en donnent pas la figure, malgré le nombre et la variété de leurs détails. Le cadran

---

(1) Voici en quels termes il en parlait (1873) : « ... Il serait bon de réparer avec un grand soin l'ancien méridien dont on retrouve des traces sur un contrefort du grand portail, en face de l'hôtel du Lion d'Or. » (Article de M. l'abbé Cerf sur les horloges de la Cathédrale dans le *Bulletin du diocèse de Reims*, 1873, p. 486.)

apparaît sur les vues gravées dès le début du xixᵉ siècle, notamment sur celle intitulée : *Cathédrale von Rheims* (vue allemande), sur la gravure anglaise, *Cathedral of Reims,* de John Coney (1830), sur une autre signée *Fortier sculp.,* ainsi que sur la *Façade de Notre-Dame, porche sud,* lithographiée par A. Dauzats en 1845 et se trouvant au t. i de la Champagne des *Voyages pittoresques de Taylor et Nodier.* On retrouve ce cadran, avec sa tige en fer bien visible, sur le dessin original si soigné de J.-J. Maquart, au Musée de Reims, lequel a été gravé et popularisé par le burin d'Adolphe Varin en 1847. Son cadre est quadrangulaire, mais on ne peut en préciser les contours comme moulure, ni comme caractère et époque des chiffres des heures. Il aura disparu, vers 1850, sauf quelques dernières traces, au moment de la démolition de la fontaine dédiée à la mémoire du chanoine Godinot, qui se trouvait du même côté et à proximité de lui.

Sur la place Godinot, presque à l'angle de la rue Saint-Symphorien, se trouvait à une façade un cadran solaire réputé pour son exactitude et qui a disparu avant 1870, selon les souvenirs de M. Henri Menu. M. E. Auger m'a confirmé la disparition de l'ancien cadran de la place Godinot, à la maison de M. Clignet, n° 5, actuel, sur le carré encore visible au côté droit de la façade, mais il n'a gardé aucun souvenir du dessin du cadran, ni de la devise horaire.

Il est du même intérêt de signaler les traces d'un cadran avec méridienne, gravé profondément au début du xviiᵉ siècle sur la muraille de l'une des cours du collège des Jésuites, transformé en Hôpital général après sa suppression en 1762. Lorsqu'on entre, à gauche de la chapelle, dans la cour conduisant au grand bâtiment du fond où se trouve l'ancienne bibliothèque, il suffit de chercher du regard le cadran à l'étage supérieur de l'autre bâtiment où est aujourd'hui installé l'Administration des Hospices. On découvrira facilement sur la façade vers le sud, entre deux fenêtres, ce vaste cadran privé de sa tige en fer, mais conservant presqu'intactes ses lignes et ses chiffres surmontés du monogramme IHS et d'une croix, le tout masqué, il est vrai, par les branches et le feuillage de l'un des vieux ceps de vigne si remarquables qui garnissent la muraille.

L'ensemble de ce cadran vaudrait la peine d'être dessiné géométriquement, tant à cause des calculs qu'il comporte que de la comparaison qui pourrait en être faite avec des cadrans plus récents. Les lignes droites et sinueuses très étendues sont gravées et ont été peintes en noir (1), l'encadrement rectangulaire en rouge. Pas d'ornements autour, ni de date, ni de légende visible au-dessus ou au-dessous. La treille a tout envahi de ses abondants rameaux, elle n'a pas toutefois rongé cette méridienne compliquée, que l'on pourrait rendre à la vie, du moins restituer entièrement sur un plan très exact.

A la façade vers l'ouest de cette charmante construction de la Renaissance, en briques et pierre, ancien hôtel des Seigneurs de Muire, visible de la rue du Marc et de la rue Linguet, on voit encore une longue tige en fer inclinée, qui devait être l'aiguille d'un cadran solaire en ardoise disparu.

La maison n° 5 de la rue Saint-Hilaire offre dans la cour, au sud, une façade de la Renaissance, dont les ouvertures sont richement sculptées ; on y voit aussi à l'étage supérieur, le fer intact d'un cadran solaire dont il ne reste pas d'autres traces et qui devait avoir un large développement de décoration peinte.

Nous n'avons rencontré jusqu'ici que des traces de cadrans sur un plan perpendiculaire; il en existait aussi de nombreux sur un plan horizontal, sous la forme de tablettes en marbre ou en ardoise reposant sur un pied

---

(1) Ces lignes intéressantes à relever sont les « Cercles horaires ou cercles de la sphère céleste qui passent par les pôles et qui en arrivant au méridien du lieu, marquent les heures du temps vrai. » (*Dict. de Littré.*)

et placé généralement au milieu des jardins. C'est sur
ces petits monuments que l'on fixait un canon chargé
de poudre qui annonçait l'heure de midi au bruit
d'une détonation provoquée par le rayon solaire frap-
pant la lentille de l'appareil à ce moment précis.

Nous signalons, en ce genre, un cadran solaire dans
le jardin de la maison de M. Mouginot, ancien marchand d'antiquités, construite par lui, rue Martin-Peller,
n° 38. Il a été installé là vers 1898, et provient du château de Craonnelle, près de Craonne (Aisne), dont il
décorait les parterres. C'est une pierre d'ardoise octogone d'environ 0 m. 35 de longueur, gravée très finement et conservée dans la plus grande netteté; elle est
établie sur un piédouche avec un socle en pierre d'un
très bon modèle. On lit en tête l'inscription latine gravée
en italique et expliquant la fonction du cadran :

*Verum mediumque tempus indicat. (Il montre le
temps vrai et moyen (1).*

Les chiffres des heures, se déroulent dans leur ordre
et la ligne méridienne les accompagne dans sa sinuo-
sité, avec les mentions : *Solstice d'été, solstice d'hiver,
ligne équatoriale,* les noms des mois et les figures des
signes du Zodiaque pour chacun d'eux. Tout cet ensemble de figures est intact, ainsi que l'appareil pour placer
la lentille et les montants latéraux du petit canon,
ce dernier seul manque (2).

Nous avons su par M. le D^r Guelliot, qu'un autre
cadran horizontal se trouvait actuellement à Reims, chez

---

(1) « Le temps solaire vrai est évalué au moyen de l'intervalle compris entre deux partages successifs du centre du soleil au même
méridien. — Le temps solaire moyen est réglé sur la marche d'un
soleil fictif qui se meut uniformément dans le plan de l'équateur... »
(*Dict. de Littré*).

(2) Visité sous la conduite du propriétaire fort obligeant, le 25 janvier 1909. — Un autre cadran horizontal, mais démonté, se trouve à
Reims, chez M. Deffaux, menuisier, rue du Levant, n° 9. Nous en
parlerons en traitant du département des Ardennes d'où il provient.
puis viendra le tour d'un autre cadran daté de 1823, à Bucy-lès-
Pierrepont (Aisne).

Mme Léon de Tassigny, rue des Consuls, 31, plaque
d'ardoise où les heures sont gravées en chiffres romains;
les rayons qui y aboutissent partent d'un cœur placé au
centre; deux étoiles décorent les angles et on lit au
bas : *Fait en* 1826. Le style manque.

Il existe aussi des cadrans solaires portatifs. M. Ma-
renco, ancien sous-économe du Lycée de Reims et
actuellement économe au Lycée de Rochefort, possède
un petit cadran en argent, avec boussole et aiguille
pour l'heure, signé *Butterfield, Paris,* et portant au
revers les noms des villes. M. Louis Demaison nous a
signalé aussi un cadran portatif de ce genre dans sa
famille. Quant aux calculs pour l'établissement des
cadrans solaires en tous genres, ils étaient l'objet d'étu-
des de la part des rémois au xviiiᵉ siècle, comme le
prouve le *Journal* du docteur Louis-Jérôme Raussin,
en de curieux passages que nous a communiqués
M. le docteur Guelliot et que nous publierons en
appendice.

Les légendes horaires ne se trouvent pas seulement
sur les cadrans solaires; on en voit sur des horloges
publiques, sur des pendules de cabinet ou de salon, sur
des montres, etc. En voici une qui fait parler l'horloge
de bureau de M. Max Sainsaulieu, architecte à Reims,
c'est une devise toute personnelle, pleine de courage et
d'espérance :

## L'HEURE PASSE
## LA PEINE S'OUBLIE
## L'ŒUVRE RESTE

Le docteur Pol Gosset croit se rappeler avoir vu a
Reims, dans son enfance, un cadran solaire avec la
devise bien connue : *Fugit irreparabile tempus.* C'est
la fin du vers célèbre que Ch. Wéry gravait en 1889
sur la montre de celui qui écrit ces lignes, avec la

figure du *Temps ailé,* d'après un modèle de la Renaissance :

ET FUGIT INTEREA, FUGIT IRREPARABILE
TEMPUS

*Et il s'enfuit à l'instant, il s'enfuit ce temps irréparable.*

A l'égal du poète antique, mais plus longuement, Lamartine exprimait cette pensée dans une strophe des *Harmonies* que l'on peut reproduire ici comme un magnifique commentaire du vers précédent :

> Cependant les mortels avec indifférence
> Laissent glisser les jours, les heures, les moment ;
> L'ombre seule marque en silence
> Sur le cadran rempli les pas muets du temps !
> On l'oublie : et voici que les heures fidèles
> Sur l'airain ont sonné minuit,
> Et qu'une année entière a replié ses ailes
> Dans l'ombre d'une seule nuit ! (1)

### Arrondissement de Reims

Dans la banlieue de Reims, chaque maison de campagne avait, naguère, son cadran solaire, nous n'en voulons pour preuve que ce qu'il en reste de traces dans les propriétés de Cormontreuil (2).

L'ancienne propriété Delbeck-Barrachin, dans la cour d'entrée du pavillon occupé autrefois par M. Burchard-Bélavary, offrait un cadran peint au mur portant une devise présageant à la gloire aussi peu de durée qu'à l'heure fugitive :

SIC TRANSIT GLORIA MUNDI

*Ainsi passe la gloire du Monde.*

---

(1) *Harmonies poétiques et religieuses,* livre quatrième, iv, Pour le premier jour de l'année.

(2) *Répertoire archéologique des cantons de Reims,* 1891, p. 71.

Dans la propriété de la famille Paul Pinon, à la façade de la maison sur la cour, on lit sur le cadran peint et méritant d'être entretenu :

NIHIL SINE SOLE

*Rien sans Soleil.*

Ce cadran donne les heures de 4 heures à 12 heures en chiffres arabes; il est rehaussé d'ornements dans le style du xviii° siècle.

Un cadran horizontal sur pied se trouve dans le jardin, transporté par M. Raymond de la Morinerie de l'ancienne propriété Delbeck.

L'habitation de la famille Auguste Givelet, ancien domaine des Cocquebert, offrait un assez vaste cadran peint sur la façade de la maison au midi; mais il n'en subsite plus qu'un vestige à peine perceptible.

Dans la maison voisine qu'habita M. Prosper Tarbé, l'historien rémois, et qu'occupe actuellement M. Bourguin, ingénieur en chef, propriété dite *Les Charmilles*, se trouvait un cadran solaire en cuivre, octogone, d'une délicate ornementation gravée. Il fut vendu avec le mobilier de la maison vers 1895, lors d'un changement de propriétaire. Primitivement, cette plaque reposait sur un piédestal établi dans le parterre; elle était intacte, mais descellée, lorsque nous l'avons vue et examinée le 8 juin 1893 ; on y voyait les heures marquées en chiffres romains, les coins décorés avec croissants, le fond semé de fleurs de lis, et au-dessus deux écussons accolés, l'un à dextre, portant une bande d'or cotoyée de deux cotices, l'autre à senestre, chargé de trois lions, 2 et 1, avec une couronne de marquis sur le tout. Ces armoiries nous semblent être celles des familles de Boham et Souyn (1). Enfin on lisait au sommet la date et le

(1) Armoiries semblables dans les *Travaux de l'Académie de Reims,* t. CIII, p. 320, et t. CXII, p. 215.

nom du graveur qui était un chanoine : *Polonceau Can.
Reg. Fecit,* 1753.

Une plaque de même genre, en cuivre, portant la
date de 1787, avec armoiries restées inconnues et prove-

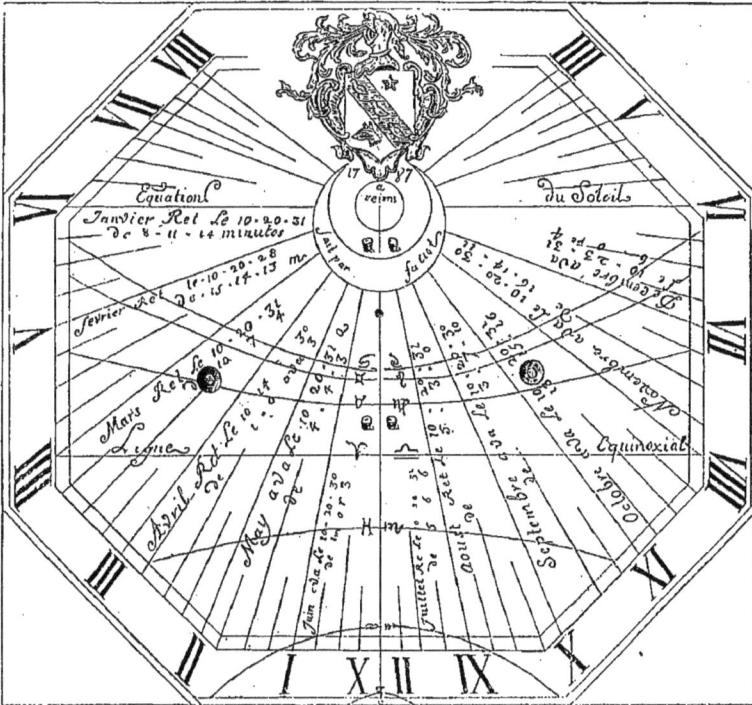

REIMS, CHEZ M<sup>me</sup> CH. LHOTELAIN

nant d'une propriété de Champigny, nous a été montrée
à Reims par Mme Charles Lhotelain, en la possession
de laquelle ce cadran est resté. Il est d'une fine gravure
et signé à Reims par Faciot. Nous avons la satisfaction
de le reproduire ici, grâce à l'obligeance de Mme Lhotelain qui a bien voulu nous le confier. Cette reproduction rend toute description inutile.

Une autre plaque du XVIII<sup>e</sup> siècle en étain, de forme
circulaire et de plus petites dimensions, nous a été

présentée vers 1905, par le fouilleur Lelaurain au Musée, comme provenant de l'abbaye de Saint-Basle de Verzy. Nous croyons plutôt que ce cadran ornait un couvent de Franciscains ou de Capucins, car il porte l'emblème des religieux de saint François d'Assise (1).

Des chiffres romains marquent les heures sur des rayons aboutissant aux figures des signes du zodiaque.

La date est inscrite au sommet, 1735, et la légende se trouve en ces termes autour du cadran :

QVOTA SIT HORA PETIS

DVM PETIS IPSA FVGIT

*Vous demandez quelle heure il est, et au moment même où vous le demandez l'heure a fui.*

Un écusson ovale, placé au bas, est surmonté d'une couronne d'épines ; dans le champ de l'écu, se trouve une croix sur un pied assez haut et deux bras, l'un avec manche, tendent les mains vers cette croix. Une seconde légende sur un listel accentue le caractère religieux du cadran :

AB VLTIMA ÆTERNITAS

*De votre dernière heure dépend le sort de votre Eternité.*

Voici maintenant la description des cadrans solaires remarqués en un certain nombre d'autres communes de l'arrondissement de Reims.

A Rilly-la-Montagne, dans la cour de la maison de M. le docteur Gallois, habitée par sa veuve, on voit un cadran solaire encore bien disposé à la muraille pour donner l'heure.

---

(1) Cet emblème offre deux bras étendus, aux mains percées, l'un nu et l'autre couvert d'une large manche et se croisant en forme de croix de Saint-André.

A Montigny-sur-Vesle, on lit sur un cadran moderne l'une des mieux inspirées, comme portée morale, des sentences horaires que nous ayons rencontrées :

DECLINA A MALO

ET FAC BONUM

*Eloignez-vous du mal et faites le bien.* (1)

Le cadran est peint sur une plaque de bois et porte aussi ces mentions :

SOL OCCIDENS, 50 degrés. Il est fixé à la façade du bureau de tabac, sur la route de Jonchery (16 février 1903). Un autre cadran, sans légende, se voit aussi sur une ancienne maison du village.

A Merfy, un cadran solaire a été tracé sur une façade latérale de la maison du docteur Robin, maison dont le pignon aboutit sur la place communale. Il se détache en blanc, de forme rectangulaire, sur le crépi verdâtre de la muraille ; l'encadrement, les rayons et les chiffres romains sont peints en noir. L'aiguille en fer est fixée sur un soleil rayonnant d'un ton jaune, qui porte la date de 1859 (2).

Un marchand d'antiquités de Reims avait récemment l'occasion de vendre un cadran sur plan horizontal, provenant de Dontrien et offrant le nom de ce village avec celui de l'habitant qui l'avait fabriqué : *Oudin.*

Nous avons déjà signalé, dans le canton d'Ay (3), deux cadrans solaires anciens, pourvus de légendes. L'un est à Avenay, sur la façade d'une haute maison

(1) Sentence tirée de la 1re épître de saint Pierre, chapitre 3, qui se lit au ve dimanche après la Pentecôte: *Declinet a malo et faciat bonum: inquirat pacem et sequatur eam.*

(2) Indication et description dues à l'obligeance de M. E. Kalas, architecte.

(3) *Répertoire archéologique* de ce canton, 1892, p. 122 et 175. — Il y a également deux cadrans peints sur deux maisons d'Ambonnay, mais un seul fonctionne et ils sont sans légende.

de la rue Gambetta (ancienne rue de l'Hôpital), présen-
tant une décoration peinte, relevée de flèches et de guirlandes de feuillages. On y lit la devise en capitales :

### SOL ME PROBET UNUS

*Le soleil seul prouve mon pouvoir.*

Le cadran subsiste encore, repeint récemment, mais
la légende n'y a pas été reproduite, ni les enroulements.
L'autre est à Cumières, peint dans la cour d'une maison de la rue principale, à droite en allant à Damery.
On y voit la date de 1770, accompagnée de ce texte justement appliqué au soleil qui est le dieu du jour :

### OMNIBUS ADSUM

*Je suis présent pour tous.*

A Fismes, la même pensée est exprimée en français à
la devanture de la maison n° 9 de la rue des Bouchers,
où est peint un cadran solaire dans un cartouche avec
cette inscription au-dessous :

### RIEN SANS LE SOLEIL

La date est indiquée à côté :

### ANNÉE 1832

On voit dans la décoration une étoile et la lune ;
l'aiguille part du centre d'un soleil figuré par une étoile
à cinq raies ; le croissant de la lune est figuré au-
dessus. C'est un ensemble original et dont le bon entretien est garanti par le nom seul du propriétaire (1).
A Witry-lès-Reims, nous avons noté en 1892 l'exis-

(1) Propriété de M. le Commandant Simon, qui habite la maison
contiguë sur la place de la Motte, en face de la fontaine. Une carte
postale reproduit la vue de ces deux maisons.

tence d'un cadran avec devise analogue à la façade
d'une maison précédée d'un jardinet en contre-bas au-
dessous du chevet de l'ancienne église qui allait disparaître en 1893. Ce cadran se présentait avec sa peinture du xviiie siècle, la tige encore existante, mais la
couleur s'effaçant par endroit ; on lisait au sommet en
lettres capitales cette belle sentence :

DILIGITE LUMEN

*Chérissez la lumière.*

Il y avait eu sans doute une date au bas, mais elle
avait disparu.

A Bourgogne, plusieurs anciennes habitations de
tisseurs, ouvrant au midi sur la route de Bétheny,
avaient naguère chacune leur cadran peint ou gravé à
la façade ; il reste un de ces cadrans sculpté à l'angle
d'une maison avec la date de 1817.

Au château de Rocquincourt, seul reste du village de
ce nom près de Courcy, se détache, à l'étage supérieur
d'une large façade du xviiie siècle, un cadran solaire
peint en noir, portant la date de 1786 et une devise
horaire relative à la rapidité du temps :

SICUT UMBRA FUGIT

*L'heure fuit comme l'ombre qui l'indique.*

A l'époque où ce cadran a été établi, la seigneurie du
lieu appartenait à Messire Antoine-Jean-Félix Lespa-
gnol, chevalier d'honneur du bailliage de Vermandois.
Le domaine s'est transmis depuis en bon état entre les
mains de la famille de Vroïl.

Nous avons recueilli une devise, plus concise encore,
s'appliquant à la fuite de la vie, peinte à l'ancien château de Scrzy, ancienne maison de M. Bénard, sur un

VITA FVGIT

XII

VI VII VIII IX X XI

1729

SERZY, ANCIENNE MAISON BÉNARD

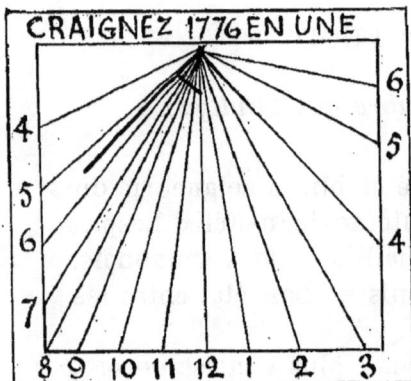

CRAIGNEZ 1776 EN UNE

4

5

6

7

8 9 10 11 12 1 2 3

6

5

4

CHATEAU DE PRIN, FAÇADE

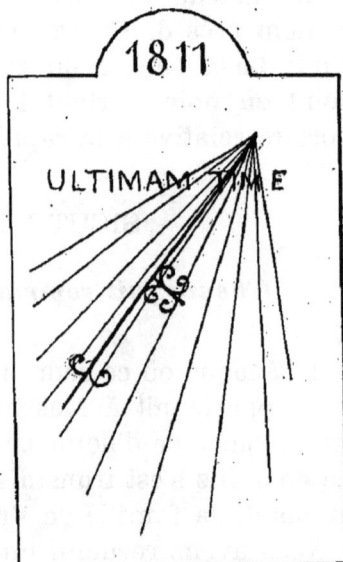

1811

ULTIMAM TIME

COEMY, FERME

cadran circulaire daté de 1729, avec cette légende au-dessus :

### VITA FUGIT

*La vie s'enfuit.*

Le château de Prin, voisin de Serzy, comprend un superbe pavillon du temps de Henri IV, à la façade duquel se trouve un grand cadran solaire carré, daté de 1776 et portant autour une légende française, exprimant la même leçon par rapport à l'heure suprême et redoutable :

### CRAIGNEZ EN UNE.

Non loin de là, à Coëmy, hameau de Faverolles, à la ferme de l'ancien château, se trouve un colombier sur la gauche ; un cadran solaire se voit au-dessus de la porte (1), on y lit les dates de 1811 et de 1813, et les restes d'une légende mutilée qui devait être :

### ULTIMAM TIME

*Craignez la dernière* (2).

A Savigny-sur-Ardre, le vieux château qui a son pignon sur la rue principale, ombragée d'un large marronnier, conserve son ancien cadran solaire avec la même légende :

### ULTIMAM TIME

*Craignez la dernière.*

La devise inspirée par la crainte nécessaire de la mort apparaît de nouveau sur un cadran peint à un

. (1) Dessin de ce cadran dans l'un des précieux albums de M. l'abbé A. Chevallier, curé de Montbré.

(2) Pourrait être : *Ultima latet* (La dernière se cache). C'est une variante que nous avons rencontrée ailleurs.

contrefort de l'abside de l'église de Jonchery-sur-Vesle (1). Ce cadran a été tracé ou réparé en 1820 car il porte cette date, en outre de la légende bien connue reproduite ici pour la troisième fois :

ULTIMAM TIME

*Craignez la dernière.*

Cette crainte devient une menace sur la légende d'un cadran solaire peint en 1804 à la façade donnant sur le jardin d'une vieille maison de Gueux, où nous l'avons transcrite en 1897, ce cadran assez élégant, de forme circulaire, décoré aux angles d'enroulements, était surmonté d'un cartouche avec ces lignes :

LECTEUR, FAIS CE QUE

TU VOUDRAS, TON HEURE VIENDRA,

TU MOURRAS.    1804

Comme si l'application de cette menace devait devenir permanente en souvenir d'une épidémie, nous avons vu en 1892, aux Mesneux, un cadran solaire en pierre, dont la date était fixée par cette mention de douloureuse mémoire :

L'AN DU

CHOLERA

1832

Ce cadran se trouve dans la cour d'une maison de culture, à droite sur la rue principale en allant vers l'église, au fond de cette cour et au-dessus de la porte de la grange.

A Villedommange, dans la propriété du docteur Malot, qui est une portion de l'ancienne prévôté, on re-

(1) Un autre cadran sans légende se voit dans une rue du village.

marque sur la façade sud de la maison dont l'entrée porte la date de 1791, un cadran solaire peint en chiffres noirs avec une tige en fer, fonctionnant parfaitement, mais il ne s'y trouve aucune légende. D'autres cadrans solaires existeraient dans plusieurs habitations de cette commune si heureusement située au pied du mont St-Lié.

Chez M. Lucien Guillemart, à Sacy, on trouve un cadran horizontal sur ardoise, bien gravé, en beaux caractères, sans date, ni légende.

Le cadran solaire de la maison de M. Patis, vigneron, à Villedommange, porte ces deux vers latins peints au sommet :

OCIUS HEU ! NUNQUAM REDITURUS LABITUR ANNUS
QUÆQUE DIES NOBIS FIT GRADUS AD TUMULUM

*Bien vite hélas ! et sans revenir jamais, s'écoule une année ; chaque jour est pour nous un pas vers la tombe.*

De chaque côté de l'inscription est peinte une grappe de raisin avec feuilles de vigne et au-dessus domine la fleur de lis.

Cet ornement nous reporte au temps de la Restauration, et, en effet, la date de 1821 se lit auprès du style ; le millésime est accompagné des initiales P. G., qui sont celles de Pierre Gaide, qui était en 1821, maçon et négociant à Villedommange.

Il y eut aussi, dans le diocèse vers cette époque, un curé du nom de Gaide, qui mourut curé de Saint-Jacques de Reims et qui a pu être l'inspirateur de la devise du cadran.

Les rayons partent du style ; les heures sont tracées en chiffres romains tout autour du cadran rectangulaire, de six heures du matin à trois heures du soir. Une étoile étend ses pointes à la naissance des rayons.

Nous devons ces intéressants renseignements à M.

Lucien Guillemart, de Sacy, et il a même bien voulu exécuter et nous transmettre une photographie de ce cadran très curieux et bien conservé.

Le même archéologue possède une intéressante trouvaille qu'il fit sur le terroir de Sacy; c'est un disque en bronze du XIV° ou XV° siècle, en forme de fer à cheval (diamètre 0 m. 04), qui porte, en chiffres gothiques minuscules, les heures gravées tout autour, de quatre heures du matin à huit heures du soir, comme sur les cadrans plus récents. Nous voyons là un cadran portatif du moyen âge, sans doute primitivement fixé sur un support en bois ou en métal (1).

A Faverolles, M. Emile Cauly nous a signalé un cadran à l'entrée de l'école.

D'autres cadrans se trouveraient à Romigny (2) et au château d'Anthenay (3), nous n'avons pu aller encore les examiner sur place. Nous savons aussi qu'un cadran solaire sur plan horizontal, gravé sur une base gothique provenant de l'église de Villers-Franqueux, se trouve dans le parc du château de Toussicourt, propriété de M. Hugues Krafft, près d'Hermonville, et qu'un autre du même genre existe dans le jardin de l'ancien presbytère de Prouilly, contigu au chevet de l'église, où on le retrouve encore avec sa plaque en ardoise finement gravée et portant une date du XVIII° siècle (4).

Nous avons enfin rencontré chez M. l'abbé Alfred

---

(1) M. Guillemart nous a offert la photographie de son appareil gothique et d'un cadran sur ardoise avec signature.

(2) Renseignements de M. Louis Pistat, de Bezannes.

(3) Au château d'Anthenay, canton de Châtillon-sur-Marne, nous avons su depuis, par M. l'abbé Chevallier, curé de Montbré, que ce n'était pas un cadran solaire qui était sculpté sur la tour de ce château, mais un écusson portant un chevron et trois roses, avec la devise : *Sat cito, si sat bene* et la date de 1605. Une ancienne épitaphe de l'église du lieu donne ces armoiries à Adrien Barillon, mort en 1607. Un renseignement tout récent, dû à l'obligeante recherche sur place de M. Georges Beausseron, nous apprend qu'outre l'écusson il y avait bien sur la muraille de la tour le débris de l'ancien cadran solaire. Il nous en a offert la photographie.

(4) Renseignement de M. Paul Savy. Date de 1722. — Une vieille maison de Villers-Franqueux porte un cadran solaire à sa façade.

Chevallier, curé de Montbré, l'archéologue et le dessinateur si estimé, un cadran analogue provenant du jardin
du presbytère de Champfleury, mais comme ce cadran
porte la signature d'un instituteur qui l'a gravé en
1826 à Villers-devant-Mézières, nous en reportons la
description à la série des cadrans solaires du département des Ardennes (1).

Le même archéologue nous a donné le dessin du
cadran établi au clocher de l'église de Bligny, placé

BLIGNY, CLOCHER DE L'ÉGLISE

très haut sur la face au midi et par conséquent très
visible du passant (2).

Nous lui devons aussi un souvenir du cadran solaire
qu'il vit longtemps sur un massif en pierre dans le
parc du château de Cuisles, et qui était accompagné

d'un petit canon avec une lentille allumant la poudre et produisant une détonation à l'heure de midi, alors que M. Belleau habitait ce domaine. Il vit aussi dans son enfance un cadran solaire au-dessus de la porte de la dernière maison de Saint-Etienne-sur-Suippe, à droite en quittant le village pour aller à Aumenancourt-le-Grand.

Enfin, l'on pourrait croire qu'il existe un ancien cadran solaire à la Maison forestière du Cadran, en pleine forêt de Reims, sur la route d'Epernay, mais nous devons avouer que c'est un simple cadran d'horloge, sans horloge, qui est peint sur la porte du restaurant voisin bien connu des touristes.

### Ville et arrondissement de Châlons-sur-Marne

Le chef-lieu du département de la Marne possède l'un des plus anciens cadrans solaires de la région et peut-être de la France entière. Il s'agit, en effet, d'un cadran avec légende du XIIIᵉ siècle, comme on les faisait alors (1).

C'est au croisillon sud de l'église Notre-Dame-en-Vaux, sur la face sud du contrefort du milieu, en face du n° 16 de la rue de Vaux et bien visible pour tout passant, que ce cadran solaire a été gravé sur la pierre du même monument, à sept mètres de hauteur environ, sinon par les constructeurs eux-mêmes, du moins par leurs premiers successeurs, maîtres de l'œuvre de cette vénérable église de la fin du XIIᵉ siècle. Le cadran qui y a été tracé avec l'inscription remonte bien certainement au XIIIᵉ siècle ou au début du XIVᵉ siècle, de l'avis de notre collègue M. Louis Demaison, archiviste paléographe, inspecteur général de la Société française d'Ar-

(1) Dans le manuscrit 134 de la Bibliothèque de Reims, *Commentarius super psalmos,* au fº 135 verso, une main du XIIᵉ siècle nous donne en latin des indications précises pour la construction des cadrans solaires. (Voir le *Catalogue des Manuscrits,* t. I, 1904, p. 128.)

chéologie. Ce petit, mais très curieux et très rare appareil horaire, n'a pas été encore intégralement décrit, ni reproduit correctement dans son texte non moins curieux (1). Nous l'avons examiné en 1903 et en 1909 ; il mesure 45 à 50 centimètres au carré et les caractères sont en lettres gothiques et onciales généralement bien conservées, mais quelques détails s'effacent de plus en plus ; voici ce que notre collègue a lu avec certitude dans le milieu du demi-cercle de la partie supérieure :

SCVLPTOR ·

PERPETVIS · CE

RNENS · DIC · POL

LEAT · HORIS

Il a lu, avec non moins de certitude, dans le pourtour du cadran de forme circulaire, le reste de la légende, sauf un seul mot dont le milieu est fruste ; une croix précède le texte au sommet, sous la frise richement sculptée à la base des fenêtres :

VMBRA · FACIT · CERTAS V.......E

DVBITANTIBVS · HORAS

Cette dernière phrase doit venir la première car elle explique d'abord la mission du cadran, et l'autre vient ensuite comme un souhait reconnaissant à son auteur. C'est ainsi que l'on donne un sens à ces deux fragments de l'inscription, qui sont des vers hexamètres, composés selon le goût du moyen âge :

*Umbra facit certas v ....e (veré ?) dubitantibus horas :*
*Sculptor perpetuis cernens dic polleat horis.*

---

(1) Inscription incorrectement donnée comme texte, sans indiquer qu'elle date du xiiie siècle et est presque contemporaine du monument, dans la *Description historique de l'église Notre-Dame-en-Vaux de Châlons,* par Louis Grignon, 1884, 1re partie, p. 15 et 16.

CHALONS, ÉGLISE NOTRE-DAME

En voici la traduction qui se divise aussi en deux phrases distinctes :

*L'ombre rend (véritablement) certaines les heures pour ceux qui doutent (qui cherchent à les connaître en regardant le cadran).*

*Toi qui vois ce cadran, dis (souhaite) que celui qui l'a sculpté jouisse des heures perpétuelles (du repos éternel).*

Le demi-cercle inférieur est rempli par les cinq rayons qui aboutissent, non aux heures gravées en chiffres dont il n'y a pas trace, mais au bord du pourtour inférieur du cadran. La tige en fer qui projetait son ombre sur ces rayons a disparu ; les rayons et tout l'ensemble ont aussi subi l'usure du temps et des intempéries.

Tel qu'il subsiste, gardons-le ce vétéran de nos cadrans solaires : il doit rester dans l'état où l'ont mis six siècles d'existence et de services. Il n'y a donc lieu, ni de le réparer, ni de l'embellir, car son aspect fruste n'a rien qui choque sur l'un des plus anciens et des plus intéressants monuments de la Champagne (1).

M. Gelin, architecte du monument, n'en possède pas de dessin, mais il s'intéresse vivement à sa conservation. Avec beaucoup de patience et le soin le plus obligeant, le photographe voisin, M. G. Durand, a réussi à en obtenir une bonne reproduction que nous avons tenu à faire figurer ici en face et comme corollaire de notre description (2). Nous le remercions vivement de son concours si dévoué.

(1) Nous n'avons rien trouvé sur ce cadran solaire dans les notices consacrées à l'église Notre-Dame de Châlons et jointes aux comptes rendus des Congrès tenus en cette ville par la *Société française d'Archéologie* en 1855 et en 1875.

(2) Au moment où nous examinions en dernier lieu ce cadran solaire (19 avril 1900), on remettait en couleur le cadran de l'horloge sur la face sud de la tour sud du portail de l'église Notre-Dame. Cette tour contient un carillon très étendu, qui malheureusement ne fonctionne plus complètement aujourd'hui.

Une autre église de Châlons, située à l'extrémité de la ville, l'église Saint-Jean, ayant longtemps gardé son aspect primitif un peu rustique, a gardé aussi son cadran solaire à l'angle du portail, sur la face sud de la chapelle des fonts baptismaux, charmant édicule flamboyant, à l'entrée de l'ancien cimetière converti en jardin (1). C'était bien l'inscription convenable en ce lieu et servant d'avertissement au mortel qui en franchissait le seuil :

CRAIGNEZ CELLE QUI SUIT

Une date du xviiie siècle accompagne la légende, celle de 1778 ; elle est tracée au sommet, près de la tige en fer qui projette l'ombre sur les rayons marquant les heures en chiffres arabes, 6, 7, 8, 9, 10, 11, 12. Ces chiffres sont gravés en creux et peints en noir, comme tout le cadran qui est en bon état et fonctionne parfaitement.

Le collège communal de Châlons avait conservé aussi, jusqu'à la démolition nécessitée par sa reconstruction en 1900, les restes d'un cadran solaire avec une devise appropriée à sa destination ; il est sans date, mais remonte vraisemblablement au xviie siècle. Il était peint en effet, dans la cour du collège, du côté de l'église, entre deux fenêtres du bâtiment ayant servi jadis de sacristie et dépendant de cette assez vaste église à coupole, bâtie par les Jésuites au début de ce siècle. On y lisait en capitales :

DUBIA OMNIBUS

*La dernière heure reste douteuse pour tous.*

La légende, comme tous ces vieux bâtiments déjà bien endommagés, a disparu depuis notre visite (2), et per-

(1) Il reste aussi sur le cadran une console et un dais gothique, la statue a disparu.

(2) Visite du 12 juillet 1894.

sonne n'a songé à repeindre un cadran solaire au nouveau bâtiment.

Il y avait un cadran solaire à la façade d'une maison de la rue principale de Saint-Memmie, près de Châlons, mais le cadran n'a pas survécu à la démolition de la maison il y a une dizaine d'années, et personne n'a songé non plus à le repeindre par une fâcheuse insouciance du passé.

Durant la visite que nous avons faite à Châlons, le 6 juin 1909, sous les auspices de la Société d'Agriculture, Commerce, Sciences et Arts du département de la Marne, nous avons vu avec plaisir dans le jardin de l'hôtel Garinet, où cette Société a son siège, un cadran solaire horizontal sur un pied, et au-dessus, nous avons lu ces vers gravés sur une plaque de marbre et s'adressant à l'astre du jour :

> *Les fleurs qui forment ce parterre*
> *Sont de fragiles raretés.*
> *Les grâces qui par moy découlent sur la terre,*
> *Produisent bien d'autres beautés.*

Le Musée de Châlons possède, dans la salle Garinet, un petit cadran solaire ovale en métal du xvii siècle, offrant gravées au sommet, les armes royales, d'autres armes écartelées, les chiffres I H S et M A, et au bas, une croix sur une tête de mort, avec cette devise sur une banderole : *D'un moment l'éternité dépend.*

Deux cadrans nous sont signalés dans le canton de Vertus, par M. Maurice, chef cantonnier à Chaintrix ; nous l'en remercions et profitons de son obligeance pour indiquer, au transept de l'église de Villeseneux, un cadran solaire rectangulaire, peint avec la date de 1737 et la légende convenable auprès d'une église :

### HORAM ORANDI

*Voici l'heure de la prière.*

A Germinon, un cadran, semblable à celui de Villeseneux, est encore visible à la façade d'une maison inha-
bitée de la rue de Tirage. Il n'offre pas de date, mais la
légende bien connue :

### NOS JOURS PASSENT COMME L'OMBRE

Il existe aussi un cadran solaire à Loisy-en-Brie, sur
la maison de M. Desmarais, cordonnier, avec le calcul :
*Latitude, 48 degrés 52 ; Déclinaison, 31 degrés 20,*
et un autre à Vertus, ce dernier datant seulement de
1888, de forme ovale, à la maison de Mme Vve Hadot,
avec son chiffre et la devise :

### VULNERANT OMNES, ULTIMA NECAT
*Elles blessent toutes, la dernière tue.*

#### Ville et arrondissement de Vitry-le-François

L'église de cette ville offre sur la tour sud, face vers
le sud, un cadran solaire daté de 1836, avec la courbe
de midi, le solstice d'hiver et d'été, l'équinoxe, etc.

Tout ce que nous publions sur la gnomonique vitryate,
nous le devons à M. Ernest Jovy, professeur au collège
de cette ville, membre de la Société des Sciences et
Arts, historien et observateur perspicace et très obligeant. Voici ce qu'il nous écrivait sur ce sujet, à la
suite de recherches fort précises :

La caserne Lefol, à Vitry-le-François, est l'ancien
couvent des Minimes. Dans la cour actuelle de cette
caserne qui occupe l'ancien cloître de ces religieux, se
trouvaient deux cadrans. L'un est peint sur le mur qui
se trouve à droite en entrant dans la cour ; il est
accompagné d'une devise placée au-dessus du cadran
et toujours lisible en lettres capitales :

### LA CHARITÉ NOUS UNIT

Les minimes avaient eux-mêmes pour devise le mot
CHARITAS, et il n'est pas étonnant qu'il l'aient traduit

sous la forme la plus sensible dans la vie commune.

L'autre cadran n'a malheureusement plus son inscription qui était placée au fond de la cour, à peu près
en face de la porte d'entrée ; elle a été recouverte de
chaux au moment de réparations faites il y a trois ou
quatre ans, et aucun état des lieux n'en a conservé le
souvenir. Les dégradations opérées par le temps la
feront seules reparaître à la lumière et aux yeux des
épigraphistes.

S'il reste du moins un cadran des Minimes, il ne
subsiste rien de celui des Récollets, dont le couvent fut
transformé en hôtel de ville. Son existence et sa devise
nous ont cependant été transmises par un érudit originaire de la contrée dans un passage que M. Jovy nous
a fait connaître :

« Pierre Herbert, de Couvrot, qui fut professeur de
rhétorique dans divers lycées, et qui fut aussi un hellé-
niste remarquable (1), adressait en 1867 à la Société
des Sciences et Arts de Vitry-le-François, une étude
manuscrite sur l'*Inscription de la Haute-Borne à Fon-
taines-sur-Marne* (*entre Joinville et Saint-Dizier*), qui
commençait ainsi :

« La Mairie actuelle de Vitry-le-François, autrefois,
« était un couvent de Récollets ; et, au commencement
« du xix° siècle, en entrant par la grande rue, on voyait
« encore à gauche, sur le mur de l'église, au-dessus des
« toits du cloître et de la date 1686, un grand cadran
« solaire avec ces mots :

SOLI SOLI SOLI.

(1) Cf. E. Jovy, *Pierre Herbert, de Couvrot, et son Voyage en Italie*
(Rome en 1849) Vitry-le-François, Tavernier, 1896; et *Pierre Herbert,
de Couvrot, et ses travaux inédits sur l'Anthologie de Planude*, Vitry-
le-François, Tavernier, 1899; Dr L. Vast, *Sur quelques lettres de P.
Herbert à propos d'un travail de M. Jovy*, dans les *Mémoires de la
Société des Sciences et Arts de Vitry-le-François*, Vitry-le-François.
1899, t. xix, p. 282.

« Il ne reste aucun vestige de ce cadran solaire et de cette légende originale. »

Pour originale qu'elle soit, cette légende n'en restait pas moins une énigme pour nous, lorsque nous avons rencontré, parmi les manuscrits de la Bibliothèque de Reims, un précieux recueil d'anciennes légendes horaires que nous publierons en appendice (1). Au nombre de ces légendes, se trouve celle-ci qui a une grande analogie avec celle des Récollets de Vitry-le-François :

*Sol Solus Solo Salo*

et que l'auteur commente ainsi : « Jeu de parole pour dire que le Soleil et Celuy dont le Soleil est une illustre figure, est le seul qui exerce son empire absolu sur la terre et sur la mer. » Il s'agit donc, à Vitry, croyons-nous, d'une dédicace au *Seul Soleil du Sol ou de la Terre* (*Soli Soli Soli*), c'est-à-dire à Dieu, créateur, dont le Soleil est la figure la plus éclatante.

Aux environs de Vitry-le-François, les légendes horaires sont devenues sans doute rares ; en voici néanmoins une inspirée d'un texte de l'Evangile et recueillie encore par notre correspondant :

« Sur le mur de la partie droite du transept de l'Eglise de Blacy, on voit, en passant sur le chemin qui, venant de Vitry-le-François, traverse la Guenelle, un cadran solaire avec ces mots placés au-dessus :

NESCIES. QVA.HORA. VENIAM. AD. TE.

*Tu ne sauras pas l'heure où je viendrai vers toi.*

(1) Recueils de Dom P.-N. Pinchart, chanoine régulier, t. XIV, p. 155 ; ms. n° 1152 du *Catalogue*, t. II, p. 331.

### Arrondissement d'Epernay

Pour la ville et l'arrondissement d'Epernay, nous nous étions adressé à un autre non moins obligeant correspondant, M. Armand Bourgeois, homme de lettres à Pierry, et il nous avait répondu qu'il ne connaissait ni cadran solaire, ni devise horaire dans sa région. Il en a trouvé cependant plusieurs, après une recherche assidue.

A Pierry, se voit un cadran solaire horizontal en cuivre, sur pied, dans le jardin de la maison de M. Raymond Poultier, avocat à Paris.

Sur l'un des murs de l'église de Bannes (canton de Fère-Champenoise), au côté gauche de l'entrée, un cadran solaire porte cette inscription :

*Chaque heure est un pas vers l'éternité.*

Au presbytère de la même commune, un cadran solaire, tracé sur l'un des murs, est accompagné de cette élégante et concise sentence :

### SOL INCEDIT, MORS ACCEDIT

*Le Soleil marche, la Mort approche.*

Il n'existe pas de cadran, comme nous l'avions cru, au château de Mareuil-en-Brie. Il y avait sur l'église de Festigny un cadran solaire récemment disparu.

Nous avons souvenir d'avoir visité à Sézanne l'ancien Hôtel de Ville, aujourd'hui *Café du Centre,* sur la place de l'Eglise, maison historique, avec façade reconstruite en 1632 après un incendie et d'avoir lu au sommet cette inscription gravée en quatre mots, sur autant de cartouches :

### POST TENEBRAS SPERO LVCEM

*Après les ténèbres j'espère la lumière.*

Légende symbolique de la Résurrection et de la lumière renaissant après la mort, qui accompagnait peut-être à l'origine un cadran solaire disparu (1).

Dans les jardins d'Orbais, nous a-t-on dit, se trouvaient, selon l'ancienne coutume, de nombreux cadrans solaires fixés sur des piédestaux en pierre, les uns en ardoise, les autres en marbre, offrant des dates, devises et légendes que nous n'avons pas eu le temps de rechercher dans une trop rapide visite, mais que d'autres investigateurs sauront découvrir et publier (2).

A Baye, dans le jardin de la propriété de M. Bruyant, notaire à Orbais, se trouve un cadran horizontal des plus intéressants par la signature de son auteur et par le nom de celui à qui il a été dédié. Il est en ardoise, rehaussé de dessins, d'armoiries et d'inscriptions très finement gravées, devise : *Unam time*, dont nous devons un estampage, tant à M. Camille Blondiot qu'au possesseur de cet objet d'art. L'inventeur du cadran est un chanoine de la collégiale de Saint-Pierre-de-Mézières, François Thiery, qui a offert son œuvre, en 1688, à MM. Raulet, ingénieurs du Roy, dont l'un était en fonction dans la même ville, de 1675 à 1706. Il provient, par conséquent, du chef-lieu du département des Ardennes, sans que nous puissions dire quand et comment il s'est trouvé transporté à Baye. Il porte le nom de *Vertus* parmi ceux des villes gravées. Un autre cadran du même chanoine se voyait en l'abbaye de Sept-Fontaines, près Mézières, et il se transmet encore en cette ville. Les deux cadrans ont été déjà décrits dans la *Revue historique ardennaise*, comme des œuvres d'un

---

(1) *Revue de Champagne et de Brie*, 2⁰ série, t. V, 1893, p. 567.

(2) M. Camille Blondiot, président du Comité du Touring-Club de France pour le département de la Marne, veut bien nous écrire d'Orbais qu'il n'y a trouvé aucun cadran solaire avec légende, mais qu'il a examiné quatre cadrans, deux en marbre blanc, un en pierre et le dernier en ardoise. L'un d'eux porte le nom du fabricant : *Favray à Paris*. Il ajoute qu'il possède le cadran de l'ancienne demeure abbatiale d'Orbais, en marbre blanc, dessiné dans le caractère du XVIIIᵉ siècle. (*Lettre du 15 avril 1909*).

mathématicien ardennais (1), et nous les décrirons
tous deux plus à fond l'an prochain.

Encore à Baye, nous devons signaler et reproduire un
très curieux appareil horaire se trouvant sur la pelouse,

*Cliché J. Matot. — U. P. R.*

BAYE, CHATEAU

en face du château de la famille du Baron de Baye,
et offrant sur un socle en pierre un cadran horizontal

(1) *Revue historique ardennaise,* publiée par M. Paul Laurent, archiviste des Ardennes, livraisons de novembre-décembre 1908, p. 325, et
septembre-octobre 1909, **p.** 279, avec figure du cadran conservé à
Mézières et dessiné par M. A. Baulmont.

en cuivre avec les heures et les légendes gravées ; un second cadran se dresse sur le côté portant les éléments des calculs astronomiques pour la mesure du temps (1). Une image en a été prise par M. Jules Matot avec l'autorisation bienveillante de Mme la Baronne de Baye, et nous l'en remercions respectueusement au nom de la science.

A Montmirail, en avant de ce château des Louvois, si remarquable par son ampleur et sa haute perspective, sur le pavillon des communs, à droite en entrant, se développe à la muraille un vieux cadran solaire encore muni de sa longue tige en fer, portant une date du xviii° siècle (1730 ?) et la légende en capitales :

### HAC FRUERE

*Jouis de celle-ci.*

Appliquée à l'heure qui passe, cette légende est un avertissement relatif à sa brièveté, mais c'est aussi une invitation à en jouir, analogue au *Carpe diem* d'Horace. Au bas se lisait un quatrain, poésie morale en quatre vers français, qui expliquait peut-être le sens de la devise du sommet, mais qui est actuellement passée à l'état d'énigme par l'usure de la pierre. On ne peut en lire que des mots sans suite :

O TOI QVI VIENS CONNOITRE

............ EN T'ACCVSANT

....................................

......................... RE

Malgré les recherches qu'a bien voulu faire sur ce texte M. le duc de la Rochefoucauld, la teneur primitive de cette pièce n'a pu être retrouvée, et nous devons

(1) Chronomètre solaire breveté, P. Fléchet et Cie, Paris.

renoncer à en voir reconstituer le texte entier qui cadrerait si bien avec les souvenirs de cette imposante demeure seigneuriale (1).

Une obligeante communication de M. Dard, rentier à Condé-en-Brie (Aisne), vient à notre secours sur ce point et permet de terminer ainsi le quatrain resté incomplet sur la pierre. Le texte entier est celui-ci que nous sommes heureux et reconnaissant de citer :

*O toi qui viens connoître*
*L'heure qui fuit en t'accusant*
*Fais un usage plus prudent*
*De celle qui va naître.*

Non loin de Montmirail, au hameau de la Boularderie, commune de Janvilliers, notons un dernier cadran solaire avec la date de 1860 et la légende :

## NOS JOURS PASSENT COMME L'OMBRE

que M. Camille Blondiot a bien voulu copier pour nous à la façade d'une vieille maison.

### Arrondissement de Sainte-Menehould

Voici les renseignements presque négatifs que nous avons reçus de M. Louis Brouillon :

« Je n'ai remarqué aucun cadran solaire (du moins apparent), qui, dans les deux cents communes que j'ai visitées, dans les arrondissements de Sainte-Menehould et de Vitry, présentât quelque intérêt, soit de forme, soit comme épigraphie. Je m'intéresse à ces instruments vieillis et n'aurais pas manqué de les noter au passage.

« Je puis vous signaler seulement à Clermont-en-Ar-

(1) *Almanach-Annuaire de la Marne, de l'Aisne et des Ardennes,* Matot-Braine 1908, p. 134. (*Excursion de Reims à Montmirail.*)

gonne (Meuse), sur la face nord de la Chapelle Sainte-Anne, laquelle est située sur le plateau qui domine la ville, un cadran solaire peint à l'huile et sans intérêt à ce point de vue, mais portant cette inscription qui m'a frappé par son beau style :

VNAM TIME : TOT TELA QVOT HORAE (1)

« Je possède un cadran solaire horizontal dans mon jardin, à Givry-en-Argonne. Une table d'ardoise, datée de 1768 et portant cette inscription peu compromettante:

SOL TERRAM FOVET ET ORNAT

*Le soleil réchauffe et orne la terre*

« Ce cadran solaire me paraît venir de l'ancien château de Givry, dont j'occupe l'emplacement. L'ardoise est posée sur un piédestal de pierre de style Louis XVI (2) ».

Voilà notre provision de souvenirs personnels et d'utiles communications épuisée en ce qui concerne le département de la Marne ; d'autres les complèteront sur place et perpétueront la mémoire de tant d'autres légendes morales ou historiques dont nous ne pouvons embrasser seul tout l'ensemble. Mais nous continuerons nous-même ici la moisson sur un champ voisin l'an prochain, en donnant aux lecteurs, attirés par le début de ces recherches, ce que nous connaissons du même genre dans le département des Ardennes. Ensuite viendra le tour du département de l'Aisne, puis celui d'autres villes et régions dans la France entière, enfin celui de la ville de Paris, encore si riche en curiosités de la science ou de l'art et en trésors littéraires inépuisables dans son sein.

(1) *Devises horaires lorraines,* par Léon Germain, 1887, p. 8.

(2) Lettre du 11 décembre 1909, de M. Louis Brouillon, datée de Givry-en-Agonne.

Avant de poursuivre les découvertes de cadrans solaires dans les départements voisins, nous allons rectifier et compléter nos recherches dans la Marne, grâce aux nombreux renseignements qui nous sont parvenus de la part d'obligeants collaborateurs depuis notre première publication.

### Ville de Reims

En ce qui concerne la ville de Reims, nous avons à signaler, au Musée lapidaire de l'Hôpital civil, le débris d'un cadran solaire en marbre blanc du xviii° siècle (diamètre 0 m. 21) (1), et au Musée archéologique de l'Hôtel de Ville un fragment de cadran solaire sur un carreau vernissé du xvi° siècle, semblable à un exemplaire complet du Musée de Troyes, portant la devise latine : ·

POST TENEBRAS SPERO LVCEM

et la devise française :

QVAND IE REMVE TOVT TOVRNE (2)

La maison de la rue de l'Echauderie, n° 8, qui offre dans sa cour la date de 1565, avait encore vers 1880 son cadran solaire portant la date de 1788, qui a disparu depuis.

Comme suite à la description du cadran gravé sur cuivre, par Faciot en 1787, possédé par Mme Ch. Lhotelain, nous devons ajouter l'article publié sur ce graveur

_____

(1) *Catalogue du Musée lapidaire*, 1895, p. 93, n° 202.

(2) *Etude sur les carreaux vernissés du moyen âge*, par l'abbé CHEVALLIER, Reims, 1902, p. 51, avec figure de ce cadran.

rémois, fabricant de cadrans, dans le recueil des *Affiches de Reims*, de Havé (1).

Voici maintenant quelques extraits du journal de Louis-Jérôme Raussin, le fameux médecin rémois du xviiie siècle, relativement à ses instruments et à ses livres utilisés pour la confection de cadrans solaires :

« Le 13 août 1772, prêté à M. Péterink mon Butterfield et mon niveau d'eau en cuivre.

« Le 29 novembre 1773, envoyé à mon cousin Demonchy, curé de Saint-Gibrien (2), chanoine de Montfaucon (3), l'Art de faire des cadrans solaires par Richet, et la gnomonique par Dom Bédos de Celles, Bénédictin, 2 volumes octavo (4). C'est M. Alexandre Demonchy qui me les a rapportés.

« Le 25 septembre 1785, ma boîte à boussole et à cadran solaire est entre les mains de M. Turot, horloger (qui l'a montée), pour rectifier le style et la rendre susceptible d'être élevé à la hauteur du pôle en différents endroits (5).

### Arrondissement de Reims

Dans l'arrondissement de Reims, nous avons relevé quelques nouveaux éléments dont il convient de faire

(1) Faciot, horloger et graveur de caractères, ornements et armoiries, sur le marbre et les métaux, fait toutes sortes d'instrumens de mathématiques pour les ingénieurs, arpenteurs, architectes et dessinateurs, ainsi que toutes sortes de cadrans solaires et cadrans de glace pour les pendules et demeure rue de Vesle, près celle des Capucins. On voit chez lui une horloge de son invention (description de cet instrument de précision). (*Affiches, annonces et avis divers de Reims et Généralité de Champagne*, du lundi 20 septembre 1773, p. 302).

(2) *Saint-Gibrien*, canton de Châlons-sur-Marne.

(3) *Montfaucon*, Meuse.

(4) On trouvera une véritable bibliographie des ouvrages sur la *Gnomonique*, dans laquelle l'ouvrage de Dom Bédos de Celles est cité, à la page 33 et suiv. de la *Table d'Horloges solaires* par Léon GERMAIN, Nancy, 1893. Très rares sont aujourd'hui les personnes faisant usage de ces ouvrages pour la construction des cadrans, mais nous avons encore connu des hommes experts dans l'art de la gnomonique, entre autres à Reims, M. Auguste Lebourq, correspondant de l'Académie, décédé en 1888 ; il avait établi lui-même son cadran solaire dans sa maison de campagne de Bezannes.

(5) *Communication de M. le Docteur O. Guelliot*, 31 juillet 1909.

profiter les chercheurs : à Avenay, le cadran solaire en
pierre, portant la date de 1830, fixé au contrefort angle
sud-ouest du portail de l'église (1) ; — au chevet de
l'église de Sapigneul près Cormicy, les trois essais de
cadrans tracés au couteau par des mains inhabiles ; —
dans la cour de la ferme de M. François, à La Neuville-
lès-Cormicy, le cadran carré peint en noir sur le colombier du xviie siècle, maintenant bien effacé ; — à
Courcy, sur l'ancienne maison du Trésorier, mairie
actuelle, le cadran tracé sur la façade sud, de vieille
date, portant encore sa tige en fer et les chiffres
en lettres romaines. On nous indique aussi un cadran
solaire sur l'un des bâtiments du château de M. de
Montebello, à Mareuil-sur-Ay. Dans les jardins du
château de Rocquincourt, à Courcy, reposent l'un sur
l'autre deux anciens cadrans horizontaux en pierre.

Nous avons vu, à Villers-Franqueux, le cadran solaire
peint dans la cour de la maison de M. Georget. Il offre
un cercle dans le haut, des étoiles aux angles, et au
milieu la date de 1888 au-dessus du style et des
rayons qui vont de huit heures du matin à trois heures
du soir. Au bas se trouve la légende qui s'efface :

### L'OMBRE PARTAGE LE JOUR

#### Ville de Châlons-sur-Marne

A Châlons, il est fort intéressant de reproduire, dans
son texte entier, l'inscription en vers latins gravée
sur le cadran solaire de l'église Notre-Dame, le plus
ancien de la région ; la voici bien complète avec la
restitution du mot effacé (*virge*), qui manquait à notre
première lecture et que M. Louis Demaison est parvenu
à découvrir indubitablement :

*Sculptor perpetuis cernens dic polleat horis
Umbra facit certas virge dubitantibus horas.*

(1) *Répertoire archéologique du canton d'Ay*, p. 82, note 2.

Toi qui regarde ce cadran, souhaite les heures
éternelles à celui qui l'a gravé.
L'ombre de la tige en fer rend certaines les
heures à ceux qui en doutent (1).

### Arrondissement d'Epernay

Dans l'arrondissement d'Epernay, nous avons appris
l'existence d'un cadran solaire au-dessus de la petite
porte de l'église de Chavot, près Pierry, et les traces
d'un ancien cadran à l'église de Troissy, au-dessus de
la porte latérale de la façade sud (2).

Les indications les plus précises nous ont été adres-
sées par M. le commandant Heuzé sur les curieux
cadrans solaires de la ville de Sézanne, avec une
carte-postale reproduisant le plus grand, daté de 1783,
sur le mur de la maison de M. Rousseau, rue de la
Juiverie, n° 4 (3). De très grande dimension, ce cadran
offre toutes les lignes des calculs horaires, et près de la
date : *Déclinaison du Plan* 19° 14' 22" ; *Latitude*, 48°
49' 17" ; croissant au sommet ; au bas, légende tirée
d'Horace, déjà traduite plus haut :

TU QUAMCUMQUE DEUS
TIBI FORTUNAVERIT HORAM
GRATA SUME MANU

(*Horace, Epis. XI, lib. 1us.*)

Un autre cadran, moins grand, se trouve sur une
maison voisine, 18, place du Marché, celle du docteur
Huguier, avec la devise : *Unam time.*

Enfin à l'église de Sézanne, au pilier sud du clocher,

(1) Cfr. *Guide du Congrès de Reims en* 1911, par L. DEMAISON, 1911,
p. 409.

(2) Lettres de M. Maurice Henriet, du 4 novembre 1910, et de
M. Frédéric Henriet du 2 mars 1911.

(3) Nous remercions M. Heuzé de son envoi du 14 janvier 1911.

près du cadran de l'horloge, subsiste un cadan solaire avec style sans inscription ; on lit sur le pilier voisin la date de 1557, qui est celle de la construction de l'église.

### Arrondissement de Sainte-Ménehould

Nous avons su par M. Ch. Hemmerlé, qu'au château de Fontaine-en-Dormois (canton de Ville-sur-Tourbe), appartenant à Mlle Firmin Didot, on voyait dans le potager un cadran horizontal, dressé sur une tablette en ardoise et dédié au général Tirlet (1).

Voici l'un des cadrans les plus riches en devises que nous puissions citer ; il est gravé sur une plaque de bronze de 0 m. 25 au carré ; son dessin très fidèle nous a été transmis le 16 janvier 1910, fort obligeamment, par M. Léon Mauget, de Sainte-Ménehould. Dans le haut, il porte la signature : *R. Deullin à Châlons s/M.* ; sur le côté droit, on lit ces vers de l'ancienne hymne des complies au bréviaire parisien, composée par Coffin :

> *O quando lucescet tuus*
> *Qui nescit occasum dies.*

Quand luira-t-il, ô Dieu, votre jour
Qui ne connaît point de couchant ?

et sur le côté gauche, ces vers de l'hymne de prime du même poëte :

> *Incœpta dum fluet dies*
> *O Christe, sis custos vigil* (2).

Tandis que le jour commencé s'écoule,
Sois-en, ô Christ, le gardien très vigilant.

(1) Sur le général Tirlet, inhumé à Fontaine-en-Dormois, son lieu natal, voir les *Pages militaires de Moiremont*, par l'abbé LALLEMENT, Reims, 1909, p. 28-33.

(2) Le texte original porte *pervigil*, voir *Les Œuvres de M. Coffin*, *ancien recteur*, 1755, t. II, p. 264 et 270.

Au bas, au-dessus d'une tête de mort et d'ossements, vient ce texte de l'Evangile :

*Vigilate quia nescitis quâ horâ*
*Dñs vester venturus sit.*

Veillez puisque vous ne connaissez pas l'heure où votre maître viendra.

Enfin, au milieu des côtés, sont gravées les figures du soleil et de la lune, entourées de ce verset du psaume 120 :

*Per diem sol non uret te, neque luna per noctem.*

Pendant le jour le soleil ne vous brûlera pas, ni la lune durant la nuit.

La tige en fer part du sommet, au-dessus d'une petite croix ; à côté, les chiffres 48° et 57° sont renfermés dans un croissant d'où partent les lignes horaires aboutissant à des chiffres romains de six heures du matin à six heures du soir.

*Cliché André Vany.*

CADRAN DE LA PRÉFECTURE, A MÉZIÈRES

# DÉPARTEMENT DES ARDENNES

## Ville et Arrondissement de Mézières

Le chef-lieu du département possède le cadran solaire historique le plus remarquable de la contrée, non par son antiquité mais parce qu'il offre l'épure de la méridienne du temps moyen à Mézières calculé par Monge. Ce fut en effet, l'illustre géomètre Gaspard Monge qui l'exécuta entre 1780 et 1784, alors qu'il professait à l'Ecole Royale du Génie à Mézières, et son œuvre subsiste sur le pilastre de l'angle est de l'aile droite de l'Hôtel de la Préfecture (façade méridionale), installée dans l'ancienne Ecole du Génie fondée en 1750.

Le cadran à 5 mètres 20 de hauteur, il n'offre ni date ni légende. Les lignes compliquées de la méridienne sont peintes en noir sur la muraille et une plaque percée d'un trou y donne la trace de la marche du soleil (1). Le temps avait effrité cet ensemble de calculs si intéressants pour l'astronome et l'observateur du temps, ce fut M. le commandant d'artillerie Cochard qui

---

(1) Voici la description qu'en donne un savant lorrain : « D'autres méridiennes ont existé dans la région. Citons la méridienne de Mézières, dessinée par Monge sur l'un des murs de l'ancienne Ecole d'artillerie. Cette méridienne présente les amorces des courbes de déclinaison de dix en dix jours et la courbe du midi moyen. Son dessin figure comme type du genre dans le portefeuille d'astronomie des élèves de l'Ecole polytechnique. » (Extrait des *Cadrans solaires de Lorraine*, par Henri TERVER, dans les *Mémoires de la Société d'Archéologie lorraine*, t. LIX, 1909, p. 332.)

en effectua l'exacte restitution en 1885. Il perpétua ainsi
le travail de Monge sur la demande de M. Mialaret,
maire de Mézières, et en communiqua en 1889, l'analyse
à l'Académie des Sciences (1).

Nous n'avons rien à ajouter ici à ces savantes obser-
vations, auxquelles recourront sans peine, nos compa-
triotes fiers de posséder ce souvenir.

A Charleville, ce n'est plus tant la science pure que
la poésie dont l'inspiration se fait sentir autour d'un
cadran du XVIIIᵉ siècle. M. A. Baulmont a bien voulu
nous en transmettre l'exacte description que nous
reproduisons dans tous ses termes avec une vive gra-
titude :

« Dans la maison de M. H. Descharmes, rue d'Aubil-
ly, un cadran solaire est tracé sur un placage de pierres
de Dom-le-Mesnil, incrusté dans le mur du jardin. La
partie supérieure du cadran est ornée d'une moulure
formant un fronton triangulaire ; parallèlement à cette
moulure on lit :

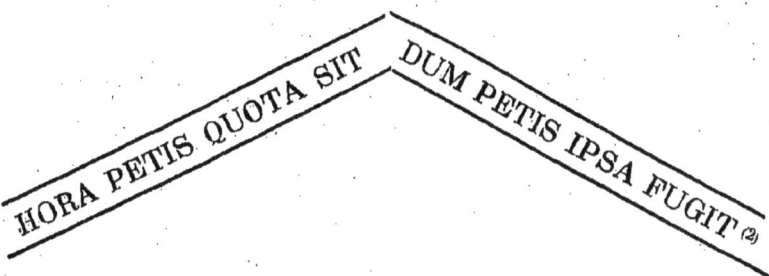

HORA PETIS QUOTA SIT — DUM PETIS IPSA FUGIT (2)

et au-dessous du cadran ces deux lignes :

*Tu quamcumque deus tibi fortunaverit horam*
*Grata sume manu nec dulcia differ in annum* (3),

(1) *Restitution de la méridienne et de la courbe du temps moyen
tracée par Monge sur le mur de l'Ecole, du Génie de Mézières, aujour-
d'hui la Préfecture des Ardennes,* par M. le Commandant COCHARD. —
Paris, Imprimerie Gauthier-Villars, 1889, in-4°, 5 p. et 1 planche.
Extrait des *Comptes rendus des Séances de l'Académie des Sciences,*
22 juillet 1889, T. 109, p. 134. Cf. *Variétés historiques ardennaises,* par
P. LAURENT, 1893, XI, p. 45.

(2) Traduction : *Vous demandez l'heure qu'il est, au moment même
où vous parlez elle a fui.* (Déjà citée plus haut).

(3) *O vous que Dieu gratifie d'une heure quelconque, prenez-la avec
reconnaissance et n'en remettez pas la douceur à l'année suivante.*

que je pensais être d'Horace, et que je n'ai pu retrouver, mon édition étant peut-être trop *ad usum Delphini* (1).

« L'inscription est en majuscules latines, peintes en noir. La peinture s'effaçant, M. Descharmes père l'avait fait refaire. Aujourd'hui elle est de nouveau peu lisible. La forme des lettres ne peut donc donner aucune indication de date, mais il me semble que ce cadran ne doit pas être antérieur au milieu du XVIII⁰ siècle. L'ensemble du cadran avec ses inscriptions a environ 1 m. 50 de côté ».

C'est encore à M. Baulmont que nous devons la connaissance du cadran solaire d'une église rurale du canton de Renwez : « A Tournes, nous écrivait-il en traçant le dessin du cadran, au chevet de l'église, sur l'angle du mur de la sacristie accolée au côté sud de l'abside, il reste, à environ 2 m. 50 de hauteur, un cadran solaire gravé sur une seule pierre » (2).

D'après le croquis de notre obligeant correspondant, le cadran est circulaire, offrant au centre une figure du soleil avec des rayons flamboyants ; à ce centre sont reliées les heures gravées au pourtour en chiffres arabes et au sommet se détache la devise en lettres capitales :

### GLOIRE A DIEV

« Toute la série des chiffres est peu lisible, continue M. Baulmont, grâce à l'effritement de la pierre. J'avais cru d'abord, avec M. l'abbé Hubignon (3), à une inscription fruste, mais un nouvel examen m'a convaincu qu'il n'y avait là qu'une série de chiffres indiquant les heures. Le cadran n'est pas daté, il n'a de caractéristique que la forme de la lettre A dans la légende, qui porte un trait au-dessus et sur le côté gauche de la pointe du

(1) Cette citation d'Horace est tirée de l'Epitre XI du Livre I.
(2) Même lettre du 24 juin 1909.
(3) Savant historien local, décédé curé de Tournes en 1908.

haut, et des chiffres 2 au pourtour qui ont la forme d'un Z. Au-dessus d'une porte latérale de l'église se trouve la date de 1567, et j'attribuerais volontiers la même date au cadran. »

Nous sommes donc en présence d'un cadran de la Renaissance, à rapprocher de celui que nous décrirons plus loin à Brieulles-sur-Bar.

CADRAN SOLAIRE A VILLERS-DEVANT-MÉZIÈRES (1826)

Les cadrans solaires voyagent : nous en avons rencontré un, tracé sur ardoise, provenant de Villers-Semeuze ou Villers-devant-Mézières, fabriqué par l'instituteur de cette commune en 1826, qui fut transporté à Chagny, puis à Champfleury, près Reims, par

M. l'abbé Viret, et se trouve maintenant en la possession de M. Couvreur-Périn, de Rilly-la-Montagne, depuis le décès du regretté abbé Chevallier, curé de
Montbré (Marne). Sa description et un croquis en ont
été donnés déjà plus haut, de manière à bien fixer son
caractère (1). Nous n'y reviendrons que pour mieux
préciser son origine et le talent de son constructeur,
qui l'a signé de la sorte: *Labbé-Martin, instituteur à
Villers-devant-Mézières, anno* 1826.

Nous savons, grâce aux recherches de M. P. Laurent,
archiviste des Ardennes, que cet instituteur, Jean-
Nicolas Labbé, naquit en cette commune en 1769 et y
mourut en 1840, et qu'il avait épousé en secondes noces
Marie-Jeanne Martin.

Ce cadran horizontal est décoré avec goût, pourvu de
tous les noms des lieux et des calculs nécessaires, encore
muni de son style ajouré posé sur le méridien de Paris,
et son image permettra de juger de son mérite.

Nous pouvons également indiquer la reproduction
(*N. Albot del.*) d'un autre cadran solaire en ardoise provenant de l'abbaye de Sept-Fontaines, près Fagnon,
transporté à la Neuville-lès-This et actuellement à
Mézières, œuvre très intéressante d'un mathématicien
ardennais, François Thiéry, chanoine de la collégiale
Saint-Pierre de cette ville, datée de 1686. Nous ne pouvons que renvoyer à la notice historique et descriptive
très complète, qui fournit sur l'auteur et sur le prieur
Scipion-Gilbert du Mesnil, les renseignements les plus
détaillés et les plus curieux (2).

C'est un cadran horizontal, ainsi qu'il est spécifié
par le constructeur, qui y a gravé une légende latine

(1) *Almanach Matot-Braine*, 1910, p. 330 et 331. Cf. *Revue historique
ardennaise*, septembre-octobre 1909, p. 277 à 279.

(2) *Un cadran solaire offert au prieur de Sept-Fontaines en 1686*,
article très approfondi de M. Paul LAURENT, dans la *Revue historique
ardennaise*, novembre-décembre 1908, p. 326 à 337, avec le dessin
partiel du cadran, p. 327, dessin reproduit ci-contre avec l'obligeant
concours de notre collaborateur.

avec la dédicace et les armes du prieur (1), accompagnées de la devise : *In melius.* Voici le texte entier :

*Horologium horizontale universale cum longitudinibus civitatum totius orbis celeberrimarum, Reverendo admodum nobilissimoque domino D. Scipioni Gilberto Du Mesnil, Archi-cœnobii præmonstratensis canonico regulari expresse professo, nec non monasterii abbatialis Septem Fontium priori dignissimo, offerebat addictissimus eius condiscipulus et obsequentissim. servus Franciscus Thiery, Ecclesiæ collegiatæ sti Petri de Maceriis canonicus et Regis mathematicus. Anno 1686.*

Au-dessus de cette inscription est aussi gravé un cadran lunaire avec ces mots :

SCALA AD NOSCENDUM HORAM PER LUNAM

*Echelle pour connaître l'heure par la lune.*

Quant au cadran solaire, offrant un soleil avec ses rayons au centre, il renferme, en lettres capitales, les degrés de longitude des principales villes du globe d'après le méridien de l'Ile de Fer, l'heure du lever et du coucher du soleil pour chaque mois orné de l'un des signes du Zodiaque.

C'est un ensemble considérable, comme on le voit, et dont le chanoine Thiéry pouvait s'enorgueillir. Il offrit un semblable cadran au roi Louis XIV lors de son passage à Rocroi en 1692, pour justifier par un chef-d'œuvre son titre de mathématicien du roi, et il alla même ensuite à Versailles pour en donner l'explication verbale au monarque, sur l'invitation qu'il en reçut.

Le cadran de Sept-Fontaines a survécu et celui de Versailles a disparu, mais l'ardoise en est assez fortement ébréchée. Il fut vendu à Mézières pour une trentaine de francs en août 1909 (2), et nous souhaitons qu'il

(1) Armes décrites dans la Revue citée, p. 326.
(2) L'acquéreur est Mlle E. Lecomte, 36, rue du faubourg de Pierre, à Mézières. Il a été racheté en 1911 pour être offert au Musée de Charleville.

HOROLOGIUM HORIZONTALE VNIVERSALE CUM LONGITUDINIBUS CIVITATUM TOTIUS ORBIS CELEBERRIMARUM

REVERENDO ADMODUM NOBILISSIMOQVE DOMINO

**D. SCIPIONI GILBERTO DU MESNIL**

ARCHI=CŒNOBII PRÆMONSTRATENSIS

CANONICO REGULARI EXPRESSE PROFESSO

NEC NON MONASTERII ABBATIALIS SEPTEMFONTIUM

**PRIORI DIGNISSIMO**

IN                    MELIUS

offerebat addictissimus eius condiscipulus
et obsequentissimus seruus FRANCISCUS THIERY
Ecclesiæ collegiatæ S. PETRI DE MACERIIS
canonicus et Regis Mathematicus
ANNO                    1686.

N. Allot del.

GADRAN SOLAIRE DE L'ABBAYE DE SEPT-FONTAINES (1686)

puisse être racheté pour l'un de nos musées de la région à titre de spécimen de l'art et du savoir du chanoine macérien.

Du moins, s'il devait nous quitter, nous avons appris, avec non moins d'intérêt, qu'il existe un autre cadran de lui, en bon état de conservation, dans l'une des propriétés de Baye (Marne), appartenant à M. Henri Bruyant, notaire à Orbais-l'Abbaye. Grâce aux indications de ce dernier et à la collaboration de M. Camille Blondiot, nous avons pu l'étudier et le décrire dans ses lignes essentielles et en faire apprécier la valeur historique (1). C'est aussi un cadran horizontal en ardoise, de forme hexagonale, mesurant 79 centimètres au grand axe, et portant un titre avec une dédicace en français ainsi conçue :

*Horloge horizontal universel avec les longitudes des villes les plus considérables du monde* (2). *A Messieurs Raulet, ingénieurs du Roy, par leur très humble et très obéissant serviteur F. Thiéry, chanoine de Maisière et mathématicien du Roy.*

Il est daté : *Anno 1688,* et porte la devise horaire : *Unam time.* Il n'y a point de devise autour des armes de Messieurs Raulet: *D'azur au lys au naturel d'argent, au chef d'or chargé de trois taus de sable, celui du milieu renversé.*

La relation entre le chanoine et les ingénieurs Raulet vient de ce que l'un d'eux fut amené à Mézières par Vauban en 1675 et y resta jusqu'en 1706, d'après le *Mémoire historique du chevalier de Châtillon* (3).

Nous recevons sur les ingénieurs du nom de Raulet des détails sur leur origine et leur famille que nous

(1) *Revue historique ardennaise,* septembre-octobre, 1909, p. 279. — Cfr. *Almanach Matot-Braine,* 1910, p. 340.

(2) Parmi les villes, figure celle de Vertus (Marne), pays d'origine des Raulet, comme nous l'indiquons plus loin.

(3) *Revue historique des Ardennes,* t. I, p. 240.

sommes heureux de joindre à ceux déjà donnés par MM. Sénemaud et Paul Laurent. Voici ce que nous écrit M. Octave Maurice, de Chaintrix (Marne), à la date du 3 février 1910 :

« J'ajouterai le renseignement suivant relatif aux ingénieurs Raulet, auxquels fut dédié le cadran horizontal de la propriété de M. Bruyant à Baye, avec l'espérance qu'il vous aidera à retrouver les circonstances à la suite desquelles cet appareil est venu de Mézières à Baye (1).

« Les Messieurs Raulet de Corberon étaient originaires de Vertus, ville dont le nom se lit sur le cadran de Baye ; leur hôtel s'y voit toujours rue du Donjon, et les armes des Raulet en décorent le fronton de la porte cochère (2).

« Joachim Raulet, écuyer, seigneur de Corberon (3), avocat en parlement, puis ingénieur du roi à Mézières, naquit à Vertus, le 22 août 1645 et mourut sans doute à Mézières. Il était fils de Pierre Raulet, écuyer, avocat en parlement, conseiller du roi et grenetier au grenier à sel de Sézanne, lieutenant général au bailliage de Vertus, et de Louise Cocquart. Il épousa Elisabeth Cousin, originaire de Sel en Berry (4) et en eut plusieurs enfants, nés vraisemblablement à Mézières, mesdames de Chaulaire, Clément de L'Espine, Du Bois de Crancé de Chantereine, etc.

« Pierre-Joachim Raulet, frère cadet de ce dernier, sur lequel je ne possède aucun renseignement, fut le second ingénieur de ce nom et le cadran solaire lui fut conjointement dédié avec son aîné (5). »

(1) Il est peut-être venu seulement de Vertus à Baye, car le chanoine Thiéry a pu installer son œuvre dans la maison des Raulet à Vertus.

(2) Armoiries données plus haut.

(3) *Corberon*, fief, aujourd'hui lieudit, commune de Baudement (Marne).

(4) *Selles-sur-Nahon* (Indre).

(5) Nous avons reçu depuis de M. Maurice, une généalogie entière de la famille Raulet.

Voilà suffisamment de détails en tous genres mis au jour pour établir l'utilité de nos recherches en ce qui concerne ces cadrans trop souvent oubliés, à notre époque de progrès, dans le pénombre des choses vieillies et sans portée pratique. Nous allons en indiquer un autre plus récent daté de l'an XI et embelli d'une poésie française encore à la mode du XVIIIᵉ siècle. C'est un cadran horizontal en ardoise, provenant de Rethel, et qui reposait en 1885 sur un piédouche dans le jardin de la filature de M. Noblet, à Signy-l'Abbaye, auprès des belles sources du Gibergeon. Les légendes en sont gravées avec beaucoup de soin sur le pourtour et dans cet ordre où nous les avons transcrites :

*Si vous êtes prudent, point de main téméraire ;*
*Ne touchez que des yeux et craignez la dernière.*

Gravé en l'an XI de la République Française pour le citoyen Noblet, sous-préfet de l'arrondissement de Rethel, département des Ardennes, par F.-C. Laignier, ancien curé de Nanteuil-sur-Aisne (1).

*Pour supporter en vrai sage*
*Le poids de l'adversité,*
*Pour de la prospérité*
*Faire un légitime usage,*
*Mortel, souviens-toi toujours*
*Qu'ainsi s'écoulent nos jours*
*Du temps à l'éternité.*

Ce témoin d'un autre âge doit se trouver encore au même endroit ; nous souhaitons qu'il y reste avec ses inscriptions déjà reproduites, mais toujours bonnes à citer (2).

---

(1) M. Noblet fut le premier sous-préfet nommé à Rethel et il y exerça ses fonctions jusqu'en 1814. — Quant à l'abbé Laignier, né à Château-Porcien, il est l'auteur d'un *Traité de l'art campanaire,* il fut curé de Nanteuil en 1773 et mourut après 1802.

(2) *Revue historique ardennaise,* 1895, t. II, p. 32.

Signalons aussi, à Dommery, canton de Signy-l'Abbaye, chez M. Laurent-Thomas, un cadran solaire du même temps, avec le nom de son auteur :

FAIT PAR . MOI . CHARLES . THOMAS . DE . DOMMERY

L'AN 6. R. F. Vieux style, 1798 (1).

A Barbaise, même canton, on voit au château à tourelles un cadran solaire sur ardoise, sans écusson ni légende, et les traces d'un autre cadran très vaste dont il ne reste que la tige en fer qui marquait l'heure sur un bâtiment des communs, daté de 1728 (2).

Dans le canton de Flize, à Boulzicourt, se trouvait en 1909, et y subsiste peut-être encore, un double cadran solaire et lunaire, calculé et gravé sur un disque de cuivre par M. l'abbé J.-B. Rasquin, ancien curé de Blagny, canton de Carignan, né à Sedan le 22 août 1823 et mort à Boulzicourt en mai 1907 (3). « Ces deux cadrans étaient une merveille de patience, m'écrivait M. Ch. Houin, et je me rappelle les avoir vus dans le jardin du presbytère de Blagny, puis à Boulzicourt où l'auteur les avait transportés. A sa mort, ils ont été achetés par un habitant de Boulzicourt ou d'une localité voisine » (4). Nous espérons que l'on y veillera à leur conservation, n'importe où le sort les fixe.

### Arrondissement de Rethel

C'est l'arrondissement dont nous connaissons le mieux les différentes localités et où nous avons naguère copié

---

(1) *Ibidem.* p. 32. note de M. Paul LAURENT.

(2) Intéressante note sur cette commune par Al. BAUDON, dans *l'Almanach Matot-Braine*, 1910, p. 373.

(3) Consulter la *Revue d'Ardenne et d'Argonne*, mai-juin, 1900, article par G. DELAW, p. 110, et *La Dépêche des Ardennes*, numéro du 17 mai 1907, article nécrologique par G. DELEAU, intitulé : *Un prêtre Sedanais*, avec la reproduction de l'inscription gravée par l'abbé Rasquin sur un cuivre de Fromelennes.

(4) Lettre de Paris, du 16 février 1900.

bien des textes et relevé bien des noms aujourd'hui anéantis.

## Ville et Canton de Rethel

Nous allons procéder par ordre de cantons et de commune en commençant par le chef-lieu et son canton.

RETHEL. — La façade sud de l'église Saint-Nicolas eut certainement sur sa muraille, près de l'angle de la tour, un ou plusieurs cadrans solaires dont on retrouve des traces ; les chiffres ont disparu depuis la pose d'une horloge et d'un cadran au XVIII° siècle. Nous n'avons à signaler qu'une légende horaire moderne, fort bien choisie pour accompagner l'horloge intérieure fixée à l'entrée du chœur principal : *Hora est jam nos de somno surgere*, empruntée à saint Paul aux Romains dans l'épître du 1ᵉʳ dimanche de l'Avent et traduisant une pensée de vigilance : *Voici l'heure du réveil.*

ACY-ROMANCE. — Dans le jardin de plaisance de la famille Meugy, de Rethel, en 1862, on lisait sur un cadran solaire rustique, à l'entrée et près de l'habitation du gardien :

### UT FILII LUCIS AMBULATE

*Marchez comme des fils de la lumière.*

Texte choisi par l'un des docteurs Meugy qui se sont succédés là de père en fils, et également emprunté à saint Paul aux Ephésiens dans l'épître du III° Dimanche du Carême.

Il appartiendrait au propriétaire actuel, M. le Dʳ Victor Meugy qui embellit ce domaine, d'y retracer la légende primitive.

ARNICOURT. — Il y avait à la même époque au château d'Arnicourt, appartenant alors à M. Gustave Le Bienvenu du Busc, un vaste cadran solaire, nous a rappelé M. Paul Pellot, peint sur la façade (1), avec une devise

(1) Une photographie récente de cette façade n'offre plus trace de ce cadran, ni de la légende.

en français semblable ou analogue à celle-ci que nous citons de mémoire :

## LE TEMPS FUIT ET PASSE SANS RETOUR

Dans le vestibule du château, une horloge, construite en 1851 par Auguste Calame, horloger à Rethel, indiquait les heures des principales villes du monde, et au sommet de la toiture un campanile renfermait une forte cloche qui était mise en branle à plusieurs heures du jour. Cette horloge eut sa célébrité (1).

### Canton de Juniville

NEUFLIZE. — Au-dessus de la porte latérale de l'église, datée de 1680, on a peint avec soin au XVIIIᵉ siècle, un

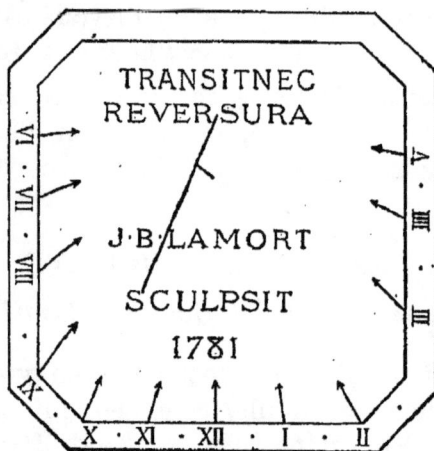

NEUFLIZE, L'ÉGLISE

cadran solaire encore bien visible, ainsi que sa légende concise et de bonne latinité :

## TRANSIT NEC REVERSURA

*L'heure passe sans retour.*

(1) *Rapport sur l'horloge établie au château d'Arnicourt,* par MM. LE ROI et CORÉ, ingénieurs civils. — Paris, Carré, 1852, in-4°, 8 p. — Autre rapport par M. AYMAR-BRESSION, 1852, in-4°.

Au-dessous, le nom de l'ouvrier et la date du cadran :

J.-B. LAMORT SCULPSIT

1781

L'ensemble subsiste et a été décrit (1).

Le Mesnil-l'Epinois. — Une maison de ce village a gardé une sentence horaire, non dépourvue d'originalité :

HOMME TU ME REGARDE

1819

TU NE PEU ETRE CONTENT

SI LE SOLEIL NE LUIS SUR MA FACES.

Le cadran a disparu et n'est pas mentionné dans la relation qui nous a fait connaître ces textes avec leurs incorrections, signées quand même par l'auteur : *Fait par moy Henry Mehée* (2).

Aussonce. — M. Paul Laurent, archiviste des Ardennes, voulait bien nous écrire, en 1894, qu'il avait vu, du côté d'Aussonce, plusieurs cadrans solaires tracés sur une église et sur deux ou trois maisons particulières construites en craie. Nous ne pouvons préciser davantage.

### Canton de Novion-Porcien

Lalobbe. — Au pignon d'une maison avec auvent, près de l'église, est fixé un cadran perpendiculaire, œuvre d'un maître d'école du xviiie siècle, avec les légendes suivantes en lettres capitales, telles que nous les avons copiées en 1881 :

---

(1) Notice sur Neuflize, avec vue de l'église, par Al. Baudon dans l'*Almanach Matot-Braine*, 1905, p. 243. Nous devons le dessin du cadran de Neuflize à M Poulin, qui nous a indiqué aussi l'existence de cadrans à Tagnon et à l'église de Roizy.

(2) *Ibidem*, p. 250.

*(Dans le haut)*

A M. LEGER, A LA LOBBE, PROCHE L'EGLISE
PAR LETELLIER, M. DECOLE A DOUMELY
**1774**

*(Au bas)*

SI LE SOLEIL N'Y LUIT, JE NE SERT NON PLUS
DE JOUR QUE DE NUIT
SIT NOMEN DOMINI BENEDICTUM.

Les rayons aboutissent aux heures tracées en lettres romaines de huit heures du matin à huit heures du soir et sortent d'une étoile, d'où part aussi le style en fer dirigé sur midi (1).

PUISEUX. — Dans le jardin du presbytère de cette commune se trouvait, vers 1880, un joli cadran solaire

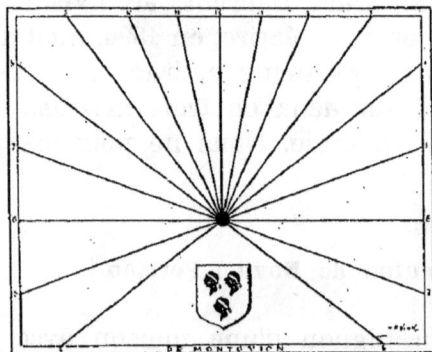

PUISEUX, PRESBYTÈRE

horizontal en ardoise du XVIIᵉ siècle, monté sur un pied moderne en bois ; la plaque, avec un encadrement de filets, mesure 0 m. 30 de hauteur sur 0 m. 40 de largeur ; les heures y sont marquées en chiffres arabes ; le trait

(1) *Revue historique ardennaise,* 1895, t. II, p. 33.

caractéristique de ce cadran, c'est qu'il porte sa provenance inscrite sur lui-même et le nom de la famille noble pour laquelle il a été fait, avec l'écu de ses armes. Le nom : DE MONTGVION y subsiste entier, ainsi que les armoiries portées par les seigneurs de Puiseux à la fin du xvii° siècle (1).

Quant au cadran, il a voyagé depuis dans les résidences successives de M. l'abbé Nicole qui l'avait recueilli à Puiseux et chez lequel nous l'avons retrouvé à Gueux en 1893. Il a pu ainsi l'emporter ensuite à Juniville, à Carignan et maintenant à Vouziers comme un document d'histoire locale à sauvegarder partout. Un dessin gracieusement offert par le possesseur nous permet de le reproduire.

### Cantons de Château-Porcien et de Chaumont-Porcien

CHATEAU-PORCIEN. — Au mur de l'église de cette ville, vers le sud, se voyait encore en 1889 les traces de la peinture rouge d'un vaste cadran solaire (2), avec une légende tirée de l'Ecriture Sainte, en partie fruste mais facile à reconstituer :

MEMORARE NOVISSIMA TVA...

*Souvenez-vous de vos fins dernières.*

Cette sentence morale, en belles capitales, se lisait au mur de la chapelle du xvii° siècle, sur la face du midi comprise dans le cimetière. Le texte en a déjà été publié (3).

M. Emile Besse, correspondant des Antiquaires de France, a bien voulu compléter nos renseignements

(1) « Pierre et Henry de Montguion, escuyers, seigneurs de Puiseux et du Chesnois, portent : *d'argent à trois têtes de mores de sable tortillées du champ.* » (Armorial de l'Election de Rethel, 1696-1709, dans la *Revue historique des Ardennes,* t. VI, p. 132).

(2) Environ 1 m. 20 de hauteur sur 2 mètres de largeur. Ces traces sont encore très visibles aujourd'hui.

(3) *Revue de Champagne et de Brie,* 2e série, 1890, t. II, p. 82.

déjà anciens par une constatation de l'état de choses actuel : « Le cadran est limité, dit-il, par de gros traits peints en rouge qui marquent encore fort bien. Les raies, partant du centre vers le trou de scellement de la tige (qui a disparu) pour aboutir à l'indication des heures, sont aussi en peinture rouge. Les heures ont totalement disparu. Enfin au sommet était une inscription divisée également par le trou de scellement, et dont on peut lire ces mots gravés dans la pierre, d'un côté : *Memorare novissima*, et de l'autre à la suite : *tua...*, le reste n'est plus visible. Au-dessus est gravée une ligne elliptique d'où partent les rayons horaires. »

« Un peu au-dessous de la corniche de la même chapelle, continue M. Bosse, presque à l'angle du mur vers le portail, il existe un second cadran solaire, plus petit, ayant encore la tige génératrice de l'ombre, et gravé sur le mur en traits assez gros. A gauche, on voit ces lettres majuscules dont le sens nous échappe :

*G R D DEO* 59

et au-dessous la date 1781.

« Il ne reste des chiffres marquant les heures que le nombre VI, les rayons sont encore apparents, mais les heures font défaut » (1).

Il subsiste un troisième cadran solaire sur une plaque en ardoise fort bien conservée, munie encore de son style en fer, sans légende, ni date, fixée à une assez grande hauteur sur la tourelle de la maison en briques si caractéristique qui se trouve à droite de l'entrée de la ville en arrivant de Rethel, et que l'on appelait autrefois la Maison de Vignancourt, datée de 1550 et citée par Jean Taté comme se trouvant près de la porte de la Somvue (2).

(1) Lettre de Château-Porcien, du 26 janvier 1910.
(2) *Chronique de Jean Taté*, 1889, p. 31, 32, 61.

Son. — Le cadran qui porte le nom de ce village n'y est pas conservé : il se trouve à Reims chez M. Deffaux, menuisier, 9, rue du Levant. C'est un petit cadran octogonal sur plan incliné en ardoise ; la tige manque, les rayons correspondent aux heures gravées dans le pourtour en chiffres romains ; le cadre très ouvragé, avec doubles filets, est dessiné dans le style Louis XV. On lit à la partie supérieure :

'FAIT PAR IEAN CORNET A SON

MDCCLXVIII . SIT NOMEN

DOMINI BENEDICTVM IN

SECVLA

POUR IEAN BAPTISTE LE

GRAND A GOMONT

1768 (1)

L'usage était fréquent de nommer ainsi l'auteur du cadran et celui auquel il était destiné. Jean Cornet, probablement le maître d'école de Son, devait avoir une grande réputation de fabricant de cadrans, car son nom reparaîtra souvent sur plusieurs de ces instruments conservés dans la contrée.

Condé-les-Herpy. — Au fond de la cour d'une maison de culture, sise dans la rue voisine du pont, à gauche dans la direction de Château-Porcien on voyait vers 1860 un immense cadran peint sur la façade d'une grange recouverte en ardoises. Les heures y étaient indiquées en grandes proportions pour renseigner à tout instant les ouvriers des champs. Aujourd'hui que ces ouvriers portent la plupart une montre, le vieux cadran aura semblé inutile, et on n'en a pas tracé un nouveau sur la couverture remise à neuf. Ainsi changent les mœurs rurales.

(1) Date tracée au couteau.

A partir de l'article qui suit, nous laissons la plume
à notre collaborateur, M. Jules Carlier, correspondant
de l'Académie de Reims, qui a bien voulu rechercher

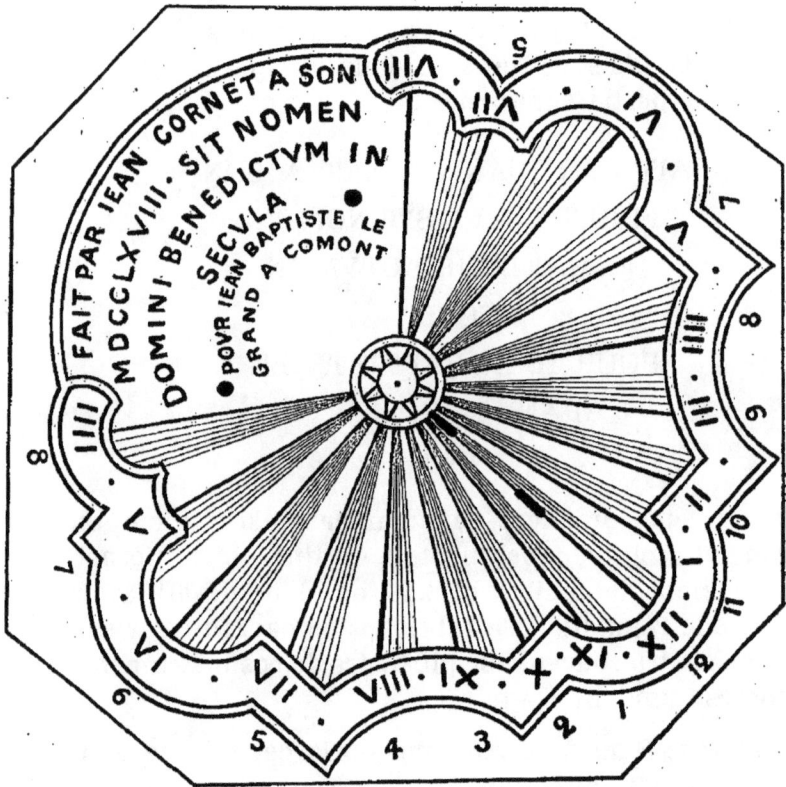

REIMS, CHEZ M. DEFFAUX

les cadrans solaires voisins de son domicile et les décrire avec le plus grand soin pour douze localités :

HERPY. — « M. Braibant nous a indiqué un cadran
solaire encore en fonction, sur la devanture d'une maison située non loin de sa propriété. Il mesure environ
0 m. 60 carré, les heures, devise et date sont dessinées
en relief sur trois épaisses planches de chêne (celle du

milieu manque actuellement), sa tige en fer existe encore. On y lit :

### 1773

### VNAM TIME

Cette date est celle de l'incendie terrible qui consuma une partie du village, ce fut bien une heure redoutable pour les habitants (1).

Saint-Fergeux. — Petit cadran dans le jardin de M. Paquis. Les chiffres peints en noir d'un autre cadran apparaissent à la devanture de la maison de M. Vincelet.

Frailligourt. — M. Coquet conservait dans son grenier un cadran en ardoise qu'il nous a offert, il provient du hameau du Radoye, il est signé et daté :

### CORNET A SON

#### 1786

Renneville. — Une ancienne maison en brique formant pavillon sur la place publique, habitée par Mme Leduc, conserve son cadran solaire en ardoise sans date ni devise (2).

D'autres se voient aux maisons Chéyère-Lécuyer et Leduc, maréchal.

On a reporté au mur latéral du café Richart, récemment construit à l'angle de la place, un cadran solaire en pierre portant cette mention :

### FAIT PAR IAC

### QUE DROMAC

#### 1805

(1) Voir la mention de cet incendie par D. Chastelain, dans les *Travaux de l'Académie de Reims*, t. CX, p. 129.

(2) *Le village et l'église de Renneville*, par H. Jadart, J. Carlier et G. Menu, 1901, p. 11.

BANNOGNE. — Sur la façade de la maison Sohet, maréchal, se voit un cadran en ardoise avec ces mots :

## FAIT PAR BOUCHEZ, 1830.

HANNOGNE-SAINT-REMI et BRAY. — En face de l'église
un cadran solaire, sans date ni devise, est peint en
rouge foncé à la façade d'une maison.

Chez M. Vassogne-Lebrun, se voit un cadran en ardoise, octogone, avec un croissant au centre et cette
devise :

### ULTIMAM TIME
### 1834

Dans le jardin du presbytère se voyait jadis un beau
cadran solaire posé sur un fût en pierre dure, orné de
moulures. Cassé accidentellement, les morceaux me
furent offerts et je l'ai facilement réparé.

De forme octogone, il est gravé sur une ardoise de
peu d'épaisseur, d'une hauteur de 0 m. 42 et autant de
largeur, il porte au centre cette devise bien connue :

### VLTIMAM TIME

et au bas la date de 1834, date d'une réfection car le
cadran est plus ancien.

Les heures sont encadrées d'une course de feuillages
et fleurettes, interrompue dans le haut par une figure
en relief du soleil rayonnant et par un groupe d'objets
religieux, croix d'autel, ciboire et ostensoir très bien
sculptés. En bordure figurent les noms des principaux
états de l'Europe. Il a été photographié par M. Bosse
en 1910 et pourrait être reproduit pour servir de modèle.

Un autre cadran sur ardoise, sans date ni devise, se
trouve dans la cour de Mme Watteau-Petit.

Dans notre collection se trouvent : un petit cadran
provenant du moulin d'Hannogne aujourd'hui détruit ;
on y distingue seulement deux lettres MI ..... ; un
autre débris trouvé dans une fosse du cimetière, porte

au-dessous d'un croissant la devise VNAM T..... et au revers cette mention :

*Fait en 1800 en avril*

Un autre débris d'un joli cadran en ardoise, provenant de Bray, porte en tête sur deux lignes ce reste d'inscriptions :

....... CART

....... ARLE

et en dessous, dans un écu ovale surmonté d'une couronne de baron, ce reste de devise :

..... FUGIT ..... UMBRA.

Les lignes qui indiquent les heures sont ornées de fleurs de lis. »

M. Jules Carlier ajoutait encore ce souvenir personnel: « Le meunier d'Hannogne avait été jadis l'ami des cadrans solaires car en démolissant récemment la maison d'habitation du moulin à vent sur la hauteur, on a trouvé dans un enfoncement du logis, parmi de vieux papiers, un registre manuscrit donnant la manière de construire ces appareils, avec de nombreuses figures. On me destinait ce vieux recueil, mais il fut perdu le même jour. »

REMAUCOURT. — Cadran solaire en ardoise encastré dans la façade de la maison Astir, avec cette inscription et date :

CADRAN VERTICAL MERIDIONAL

PAR I. LETELLIER A DOVMELY (1)

1768.

_____

(1) Nous avons déjà vu à Lalobbe le nom de ce constructeur de cadrans.

Au centre du jardin de l'école communale, cadran en ardoise de forme octogone reposant sur un pieu de bois ; il porte la mention :

## FAIT PAR BERTHELEMY
### Félix.

En dessous dans une étoile, petite figure du soleil. L'auteur de ce cadran était maréchal à Remaucourt vers 1860 ; il portait un grand intérêt aux choses locales.

Un autre cadran a été brisé chez Mlle Beuzard, il était signé BEUZARD.

GIVRON. — Au portail de l'église, on peut lire la sentence suivante d'un ancien cadran solaire peint sur bois et qu'une horloge avec carillon a remplacé avantageusement en 1833.

## HORA FVGIT
### ÆTERNITAS OCCVRRIT

*L'heure fuit, l'éternité approche* (1).

DOUMELY. — A l'église, au mur extérieur de la sacristie, un petit cadran a été gravé sur une pierre de la muraille, on lit seulement au-dessus la date 1682.

SERAINCOURT. — M. Jules Bernard possède deux cadrans solaires, l'un porte la devise :

## ULTIMAM TIME

et l'autre est signé et daté :

## BEUZARD A SERAINCOURT
### 1814.

M. Journé en conserve un autre très beau, en ardoise, dont quelques lettres ont été enlevées par une cassure, on y lit :

(1) *Bulletin du diocèse de Reims,* année 1910, p. 560.

JEAN GERARD AV SAZY (1)

FAIT PAR S. LOR......

A REMAVCOVRT

1783.

Cadran bien conservé sur ardoise chez M. Robert Boncompagne, avec la dédicace suivante :

FAIT. I. CORNET

A SON 1767 POVR

PIERRE DEQVET A

LA PISCINE (2).

Un autre nous a été communiqué par M. Albert Paquis qui le conserve dans son jardin ; il est signé :

BEVZARD A SERAINCOVRT

1798.

Au presbytère de Seraincourt, on voit aussi un cadran en ardoise sans date, et un autre a disparu du jardin de M. Paris-Gérard.

SÉVIGNY-WALEPPE. — Au contrefort d'angle sud-ouest du portail de l'église est appliqué un cadran solaire en ardoise très bien conservé, mais sans date ni devise. Il marque les heures de 6 heures du matin à 6 heures du soir.

Il s'en trouve un aussi dans les jardins du château, propriété de la famille Chabiel de Morière depuis 1765. Il mesure environ 0 m. 40 au carré, avec cintre au sommet. La plaque d'ardoise, finement gravée, porte la date en tête 1774, un cœur au-dessous, deux fleurs de

---

(1) Le Sazy, ancien moulin à eau détruit, sur le territoire de Serain-court.

(2) Ancienne abbaye de Prémontrés entre Remaucourt et Saint-Fergeux, un reste transformé en maison de culture.

lis aux angles du haut, le soleil et la lune aux angles du bas. Le milieu est occupé par les rayons aboutissant aux heures tracées en chiffres romains de sept heures du matin à cinq heures du soir. Le style fonctionne encore et le cadran est assez bien orienté sur le mur où il est fixé obliquement.

Dans le jardin de l'ancienne maison du D<sup>r</sup> Verjeus, auparavant habitation de la famille Troisier, en face de l'église, nous avons vu en 1895 un cadran solaire en ardoise avec sentence et date :

ANNO DOMINI 1834

VITA FVGIT VELVT VMBRA

*La vie fuit comme l'ombre* (1).

Un autre, déjà connu, est toujours en place dans la rue qui conduit à Saint-Quentin, il porte cette sentence et le nom du propriétaire :

*Craignez la dernière*

J. A. BOSNE.

Dans la cour de l'ancienne demeure Ninet-Gobert, qui conserve encore un auvent ardoisé au-dessus de la porte d'entrée, on voit un cadran solaire gravé sur pierre avec la date de 1784. Un espace avait été ménagé dans le haut pour une inscription qui n'a pas été gravée.

La collection de M. Macquin, à Lappion (Aisne), contient un cadran en ardoise signé :

JOBART A WALEPPE

*Vive Napoléon empereur*, 1800 (2).

---

(1) M. le Docteur Troisier, membre de l'Académie de Médecine, né dans cette maison, avait gardé le souvenir de cette sentence qu'il nous citait au Thour en 1909. Le cadran a malheureusement disparu sans que l'on ait suivi sa trace, comme je l'ai constaté dans une visite récente (1910).

(2) Cette date nous paraît fautive ou avoir été mal lue.

On voyait autrefois ce cadran chez M. Jobart, à Walèppe, hameau dépendant de Sévigny.

Saint-Quentin-le-Petit. — A l'angle d'une maison, non loin de la mairie, un cadran solaire en ardoise porte la date de 1814.

Un autre en pierre, qui paraît très ancien, dans la rue qui va vers la place publique, est signé :

F. P. DELAN.

M. Carlier a acheté à la vente Delenne, un cadran aussi en pierre dont le style est scellé au plomb, il porte les devise et date suivantes :

FVGIT VMBRA

1740.

Figure du soleil dardant ses rayons.

Ce cadran provient de l'abbaye de La Val-Roy, dont il ne reste actuellement aucun vestige sur son emplacement primitif entre Sévigny et Saint-Quentin.


### Canton d'Asfeld

Signalons à Asfeld les traces d'un cadran solaire gravé d'ancienne date et oblitéré sur le mur de la maison voisine de l'auberge du *Soleil d'Or,* maison tournée vers la place publique et dont la porte d'entrée construite en briques remontait au temps du château. La tige en fer subsistait toujours à l'endroit du cadran (1901), les chiffres romains y étaient encore visibles, et il pouvait y avoir eu une devise peinte au sommet. Autre cadran au pignon sur la rue de la même maison, le fer manque (1).

(1) Maison occupée par M. Kiss, tailleur, qui conserve ce vestige avec soin (1910). — Un autre cadran était peint à la façade sur le jardin de la maison du notaire Alexandre, habitée par M. Aristide Bertrand, mais ses dernières traces ont disparu.

Au Thour, nous avons connu jadis dans le jardin du presbytère un cadran monté sur pied par M. l'abbé Périn, muni d'un petit canon dont la détonation annonçait l'heure de midi ; d'autres cadrans solaires sur ardoise donnaient l'heure à la façade de plusieurs maisons du village ; ils ont disparu mais il en survit un sur la maison située à l'angle des routes de Villers et de Lor. On y lit le nom du constructeur et d'autres noms y ont été effacés :

FAIT PAR FRANÇOIS VIEVILLE

INSTITUTEUR A L.....

POUR M. C... TORDEUR A L... (1)

EN 1816.

Il survit un autre cadran à la maison de feu Narcisse Bruxelle, bien conservé avec le style sur la façade au midi, mais sans date, ni légende.

Nous avons aussi examiné au Thour, en 1888, un intéressant cadran du XVIII<sup>e</sup> siècle, en ardoise, alors fixé dans le jardin de M. Nautré, à la maison d'école des filles dont Mme Nautré était la directrice (2). La plaque mesurait 0 m. 32 au carré, les heures étaient inscrites en chiffres romains dans un cercle avec rayons concentriques, et la devise se lisait au bas :

VITA FUGIT VELUT UMBRA

*La vie fuit comme l'ombre.*

Des feuillages et des fleurs se détachaient dans les écoinçons. A la partie inférieure était gravé un écusson ovale, entouré de palmes et surmonté d'une couronne de marquis, où les armoiries portaient : *Ecartelé au*

(1) La profession de tordeur n'existe plus, c'était celle du fabricant d'huile, qui était naguère assez répandue dans la contrée ; on appelait un *tordoir* la petite usine où les graines étaient broyées à l'aide d'une roue.

(2) Depuis M. et Mme Nautré se sont retirés à Ecordal, où leur cadran se trouve actuellement.

6

*1 et 4 d'or à la bande de......, et au 2 et 3 de......*
*à 2 chevrons de....., sur le tout de..... au lion de.....*

L'ensemble, d'un assez bon dessin, nous paraissait provenir d'une maison seigneuriale des environs, mais le souvenir de l'origine était perdu. On savait seulement qu'il se trouvait en dernier lieu à la ferme de La Croix, près du Thour, et qu'il avait appartenu à un membre de la famille Philippot, si nombreuse dans le pays, car on y lisait le nom de Jean Philippot et plusieurs dates : 1817 et 31 octobre 1818. Voilà tout ce qui nous avons pu sauver de l'oubli.

Deux autres anciens cadrans subsistent démontés dans les maisons particulières, l'un chez M. le docteur Troisier, de la Faculté de Paris (ancienne maison Ducrocq), de forme octogonale, en ardoise, offrant les heures sur la bordure en chiffres romains, de quatre heures du matin à huit heures du soir, le style en fer fonctionnerait fort bien. La légende n'est pas commune :

### LATET ULTIMA

*La dernière heure se cache.*

L'autre cadran solaire se trouve parmi les curiosités locales recueillies avec soin par M. Courty père. C'est un cadran du XVIIIe siècle, en pierre dure, de forme carrée, avec les initiales M. G. et la date : MDCCLXIII, les caractères bien gravés. Le fer manque, les rayons se dirigent vers les heures tracées en chiffres romains.

Ce cadran provient de Lor (Aisne) et M. Courty pense qu'il a eu pour auteur un habile maçon du pays nommé Méhaut, qui sculpta aussi des croix et d'autres ouvrages en pierre.

M. Courty possède aussi un cadran en ardoise provenant de la maison de son père, et il nous a donné des renseignements sur divers autres cadrans ayant existé au pignon de plusieurs maisons du village appartenant aux familles Méhaut, Maquin, Leroy et Gridaine, etc.

A l'église de Villers-devant-le-Thour, sur le contrefort est du croisillon sud du transept, chapelle gothique flamboyante, on retrouve les traces d'un très ancien cadran solaire, gravé sur la pierre en moyennes dimensions et dont les chiffres arabes sont encore très visibles de sept heures du matin à six heures du soir (1).

Les vastes cours des maisons de culture de ce village possédaient certainement chacune autrefois un cadran solaire, à en juger par ceux qui subsistent. On en voit encore deux à la face sud de l'ancienne maison des frères Philippot, appartenant à leur petit-neveu M. Paul Fossier, l'un en pierre, l'autre en ardoise avec la devise si fréquente :

VNAM TIME

Cette maison, dont le pignon portait la date de 1774, vient d'être entièrement démolie, mais on a sauvegardé les cadrans solaires qui sont rétablis sur d'autres façades. L'un a été reporté dans une maison du même propriétaire, et l'autre nous a été gracieusement offert par lui.

La même devise se répète sur le cadran fixé près de la porte de la maison de culture de la famille Vachez, dans la grande rue, cadran en ardoise avec rayons et chiffres romains, tige en fer dans le haut, accompagnée d'une date tracée au couteau 1805.

Aucune devise ne se lisait sur un troisième cadran en ardoise, dans la cour des anciens maréchaux Ivernaux (auberge Mézières), cadran de forme allongée, très bien gravé avec chiffres arabes, ornements et fleurs de lis, sur une plaque en forme de cœur portant la date de 1783. Ce cadran, remarquable par sa décoration, a disparu et le propriétaire actuel ignore ce qu'il est devenu.

Un cadran horizontal gravé sur une plaque d'ardoise octogone bien effritée, mais conservant son style ajouré

---

(1) *Une église rurale, Villers-devant-le-Thour et Juzancourt*, gr. in-8, 1896, sur les cadrans solaires, p. 51, 64 et 65. (Extrait de la *Revue de Champagne et de Brie*, année 1895).

avec étoile, nous a été présenté par M. Joseph Alliaume, qui en ignore la provenance.

Il existait un cadran du même genre, sur une colonne en pierre, dans les jardins de la maison Carlier, datée de 1769 (1). Un cadran perpendiculaire, avec nombreux calculs, avait été établi par M. Alfred Bertrand dans la propriété de sa mère et l'ancien notaire, M. Lannois, en avait aussi fait peindre un au pignon de sa maison.

Tout cela a disparu.

VILLERS-DEVANT-LE-THOUR, CHEZ M^lle VUILLEMET

Enfin, nous rappellerons volontiers, comme précieux souvenir de famille, l'existence sur la façade au midi de l'ancienne maison de Mlle Vuillemet, qu'elle a bien voulu me léguer, d'un cadran en bois, dessiné en noir et calculé vers 1855 par M. Joly, alors instituteur de la commune, portant au sommet cette légende horaire qui avait été effacée par les intempéries, mais qui vient

(1) Ce cadran, en ardoise, conservé chez M. L. Dorriot, est encore très intéressant, bien que mutilé ; sa bordure est décorée ; il porte les noms de nombreux pays tout autour du cercle, avec la devise : *Unam time,* et la signature *Dupont.* Cette signature se retrouve sur une moitié de cadran que possède M. Nivard, portant la devise : *Vita fugit vel (ut umbra).*

d'être repeinte. Elle est d'un sens accessible à tous et d'une portée pratique pour éviter la perte du temps :

### N'EN PERDS AUCUNE

On peut rapprocher cette leçon des deux vers qui expriment la même pensée sur un cadran solaire de Forcalquier, dans la cour du collège:

*Enfant souviens-toi que je sers*

*A marquer le temps que tu perds* (1).

Nous devons le dessin de notre cadran à notre ami M. Jules Prillieux, et nous l'en remercions cordialement.

L'église de Juzancourt offre également son cadran solaire sur la façade sud de la nef dans le cimetière où il est peint en couleur rouge au-dessus d'une petite porte latérale aujourd'hui bouchée. Il est tracé de forme circulaire avec chiffres arabes, la tige en fer a disparu, mais la date 1729 se distingue nettement au sommet (2).

A Saint-Germainmont, nous n'avons rencontré qu'un seul cadran solaire moderne et sans autre caractère que l'appareil horaire régulièrement tracé de 9 heures du matin à 4 heures du soir et fonctionnant parfaitement. On le voit gravé à la façade d'une maison, au fond d'une cour, dans la rue allant vers l'église, de l'autre côté et presqu'en face de la Mairie. Il a eu pour auteur, nous a-t-on dit sur place, un habile menuisier du nom de Boucher, qui le traça vers 1850.

De la vallée de l'Aisne, si nous passons dans la vallée de la Retourne, c'est à Saint-Remy-le-Petit que nous trouverons encore visibles sur la muraille de l'église, les traces d'un cadran solaire qu'accompagnait une légende, sans doute fruste et non relatée dans le recueil qui nous l'a fait connaître (3). Nous avons constaté

---

(1) *Devises horaires lorraines,* par Léon GERMAIN, p. 7.

(2) *Revue de Champagne et de Brie,* 2e série, 1895, t. VII, p. 448.

(3) *Saint-Remy-le-Petit.* — « On voit encore sur la muraille nord de l'église les traces d'un ancien cadran solaire avec légende. » — Notice par Al. BAUDON et PELLOT sur la *Vallée de la Retourne,* dans l'*Almanach Matot-Braine,* 1909, p. 301, note 1.

depuis, au cours d'une visite sur place le 18 avril 1910,
que le cadran existait bien encore sur la face vers le
sud du chevet de l'église, très modeste édifice construit
en craie au moyen âge. A cet endroit, à deux mètres
environ de hauteur, on a gravé dans la pierre, au xvii$^e$
ou au xviii$^e$ siècle, un appareil horaire de forme rectangulaire, d'environ 0 m. 80 au carré. Le dessin, bien
effrité maintenant, ne manquait ni d'art, ni de caractère
dans l'ensemble, bien que tracé assez grossièrement.
On y voit encore très distinctement le cadran carré,
avec une petite tige en fer au milieu et les heures en
chiffres romains, de huit heures du matin à quatre
heures du soir. La bordure d'encadrement offre les
figures des signes du Zodiaque sur les côtés, avec la
légende en capitales au-dessus :

### QUOTA VIDERE LICET

*Il est permis de voir ici quelle heure il est.*

Une couronne fermée, surmontée d'une croix, recou-
vre le sommet de cette composition décorative et assez
rare dans un village.

#### Arrondissement de Rocroi

Cet arrondissement est fort pauvre en fait de souvenirs de la gnomonique, qui a dû y être cependant
cultivée comme partout ailleurs avant l'installation des
horloges publiques. Nous nous étions adressé à l'homme
le plus compétent pour les recherches d'ordre tradi-
tionnel et local, M. Paulin Lebas, l'historien de Sévigny-
la-Forêt, et il a bien voulu nous répondre, à deux
reprises, qu'il avait vainement interrogé ses notes et
les façades des maisons dans les cantons de Rocroi, de
Signy-le-Petit, de Rumigny et de Monthermé (1). Il a
interrogé aussi ses amis et voici les minces renseigne-

(1) Lettres des 2 février et 21 octobre 1909.

ments recueillis par ses soins, nous citons les termes mêmes de M. Lebas :

« Indépendamment de mes recherches personnelles, M. l'abbé Manceaux, mon oncle, curé d'Auvillers, a bien voulu explorer son canton de Signy-le-Petit. M. J. Lebas-Barré, maire d'Harcy, a cherché dans le canton de Monthermé. Je me suis aussi adressé à M. A. Drouart, de Maubert, qui connaît si bien notre plateau ; à notre vieux pasteur M. Balteau, qui passa une partie de sa vie dans les paroisses du canton de Rumigny. Nous n'avons rien trouvé, sinon que M. l'abbé Gobréau, curé de l'Echelle (canton de Rumigny), a eu l'obligeance de me communiquer la note suivante :

« Sur le côté sud de l'église de L'Echelle, il y a un cadran solaire... il est tout petit, gravé sur une pierre, il n'a plus de fiche, et porte la date de 1841.

« Je ne sais pas s'il a toujours été à cette place. La pierre est un peu en saillie. »

« Il y aurait là, évidemment, un problème à résoudre. L'absence de fiche tend à démontrer l'ancienneté du cadran ; l'église de l'Echelle est bien antérieure à l'année 1841, et il y a tout lieu de croire que cette pierre fut placée là quand on construisit l'église. A-t-on gravé la date après coup ? Ne serait-ce pas 1641 dont quelque malencontreux ouvrier, au cours d'une réparation à l'église, aurait retouché le 6 ?

« On trouvait jadis dans notre région, assez communément, de petits cadrans solaires en ardoise, d'environ 30 centimètres de diamètre, qu'on fixait horizontalement sur un pieu au milieu du jardin. Dans son ouvrage sur Molhain, M. l'abbé Antoine nous apprend que, vers 1750, l'échevin de Vireux, Gervaise, fabriquait de ces cadrans solaires en ardoise, de forme octogonale (p. 146). Les Petit, fameux horlogers et fondeurs de cloches à Couvin, en faisaient de forme circulaire, avec aiguille de fer ou d'étain en forme d'équerre à deux pivots. Comme l'ardoise s'effrite vite sous l'action des intempéries, ces cadrans n'existent plus. Disparus aussi ceux que fabriquait Nicolas Lebas, de Sévigny, élève de Jean Petit. Il n'en reste, à ma connaissance que trois copies dont l'une, faite par M. l'abbé Legros, il y a plus de 40 ans, se voit encore dans le jardin de notre presbytère... J'aurai peut-être l'occasion quelque jour d'en offrir une autre au musée de M. le Dʳ Guelliot (1). »

Il resterait à explorer les villes de Givet et de Fumay ainsi que leurs environs, où les découvertes pourraient être fructueuses ; mais nous laissons ce soin et ce plaisir aux amateurs d'un pays bien éloigné du nôtre.

Givet. — Il nous arrive concernant cette ville le plus obligeant renseignement de la part de M. Donau, colonel en retraite, qui signale, dans le jardin de Mme Félix Donau, un cadran horizontal en ardoise, ayant la forme d'un octogone inscrit dans une circonférence de 0 m. 37 de diamètre et portant cette légende tirée du psaume 112, sous la date 1745 :

A SOLIS ORTU

USQUE AD OCCASUM

LAUDABILE NOMEN DOMINI

*Du matin au soir, il faut louer le nom du Seigneur.*

### Arrondissement de Sedan

Nos renseignements sur les cadrans solaires de cet arrondissement ne sont guère plus abondants que ceux que nous avons recueillis sur l'arrondissement de Rocroi. Plus haut, à l'article de Boulzicourt, nous avons signalé déjà les cadrans solaire et lunaire gravés à Blagny (canton de Carignan) par M. l'abbé Rasquin, curé de cette commune, où il en a peut-être inspiré d'autres selon ses calculs.

(1) Musée ethnographique de la Champagne, à l'Hôtel de Ville de Reims, qui recueille avec reconnaissance tous les objets usuels anciens, de fabrication locale.

Nous savons encore, par le récit de deux historiens contemporains, qu'il existe à Connage (canton de Raucourt), un cadran solaire du xviii° siècle, et voici la description qu'ils en ont donné l'un après l'autre, avec la même date et le nom du même personnage : « Dans les bâtiments du château de Connage, aujourd'hui propriété communale, écrivait M. N. Goffart, existe un cadran solaire, portant la date de 1761 et le nom de Jean-Antoine Desliars (1). » — « Un cadran solaire, relatait ensuite M. Hannedouche, disposé sur un des murs du jardin du presbytère de Connage, porte le millésime de 1761, et le nom de Jean-Antoine Desliars, propriétaire (2), qui était conseiller du roi, maître des eaux et forêts des principautés de Sedan, Raucourt et dépendances, et marié à dame Marguerite Raulin (3). Il est probable que ce souvenir du magistrat sedanais bien connu subsiste toujours dans cette localité où il avait sa résidence de campagne.

A Carignan, nous écrivait M. l'abbé Nicole, un cadran sur pied existe toujours dans le jardin du presbytère : c'est un appareil intéressant pour la gnomonique locale, portant l'heure des différents pays du monde et ayant été établi, croit-on, par un chanoine de l'ancienne collégiale d'Ivois-Carignan.

Enfin nous pouvons indiquer la présence d'un cadran solaire horizontal d'un dessin très fin, monté sur un piédestal dans les jardins du château de Balan, habitation du marquis Henri de Gourjault, frère du regretté historien Olivier de Gourjault, dont la Bibliothèque de Sedan possède les savantes recherches inédites.

(1) *Notice historique sur les communes du canton de Raucourt,* Sedan, 1889, p. 132. (Extrait communiqué par M. Al. BAUDON).

(2) Ce titre indique sans doute que Desliars était au xviii° siècle le propriétaire du château de Connage. Cf. *Jacques-Augustin* DELIARS, *juge au Tribunal du district de Sedan, député de l'Assemblée législative, inspecteur général des Forêts, 1754-1833,* par Henry ROUY, *Sedan,* 1895, br. in-8, avec portrait. (Il était fils de Jean-Antoine Déliars, maître particulier des Eaux et Forêts de la principauté de Sedan et de Marguerite-Louise Raulin, p. 21).

(3) *Dictionnaire historique des communes de l'arrondissement de Sedan,* 1892, p. 136. (Extrait communiqué par M. le Dr GUELLIOT).

M. Henry Roüy, notre correspondant si obligeant à
Sedan, auquel nous avons recouru, n'a rien découvert,
nous écrivait-il le 8 avril 1910, sur d'autres cadrans
solaires sedanais.

### Arrondissement de Vouziers

Le volume si bien rempli des *Inscriptions anciennes
de l'arrondissement de Vouziers,* publié en 1892 par
M. le D<sup>r</sup> Vincent n'en contient pas une seule de cadran
solaire. J'ai interrogé l'auteur compétent de cette œuvre
qui m'a répondu : « Je n'ai, en effet, trouvé aucune
devise de. ces cadrans dans notre région. J'ai vu beaucoup de ces objets dans mon enfance : c'était encore,
sinon la mode, du moins le temps où les cadrans datant
des époques antérieures étaient conservés pour l'agré-
ment des jardins. Je n'ai connu aucun cadran public,
soit sur une église, soit sur un édifice civil. Et, bien
mieux, aucun de ces cadrans ne portait de devise. J'y
ai pourtant bien cherché, et cela m'aurait fait un
sensible plaisir d'en noter quelques-uns dans mon
recueil de l'arrondissement. »

Le savant archéologue avait raison, car des diverses
traces de cadrans peu nombreuses que nous avons vues
ou qui nous ont été signalées, aucune légende ne se
détache. Il y a des lignes, voilà tout, et rien pour l'épigraphie.

A Brieulles-sur-Bar, par exemple, on découvre un
cadran solaire du xvi<sup>e</sup> siècle sculpté au-dessus de la
porte latérale sud de son intéressante église (1). Il ne
s'y trouve ni date, ni inscription quelconque. Ce cadran
est néanmoins bien curieux : il est d'un dessin accusé
et d'un beau relief, tracé en forme de cercle au sommet
de la petite niche, actuellement vide, qui surmonte la
porte et ses pilastres. Le diamètre est d'environ trente-
cinq centimètres, un soleil se trouve figuré à l'endroit

(1) Visite du 19 juillet 1909.

du style qui projette l'ombre vers les heures gravées en chiffres arabes sur le pourtour depuis six heures du matin et jusqu'à trois heures du soir. Plus haut que le cadran, un machicoulis nous rappelle que nous sommes aux frontières de l'Argonne, dans une région d'églises fortifiées.

D'autres églises gardent aussi des vestiges de cadrans solaires, généralement peints, mais celui que nous a signalé M. le Dʳ Guelliot, est accompagné d'une figure sculptée. C'est à l'église de Saint-Juvin, le type même de l'église fortifiée : « Sur la face du midi d'une des tourelles orientales, relate une ancienne description, on remarque un cadran solaire, au-dessus duquel est une figure grotesque ; entre le haut du cadran et le bas de cette figure, on lit : 1623 (1). » Lorsque cette église fut visitée au mois de mai 1909 par l'*Union Photographique Rémoise,* on constata la survivance de ce reste de l'art gnomonique du xvııᵉ siècle. On peut l'apercevoir sur l'un des pans de la tourelle du fond, à l'opposé du cadran d'horloge fixé à la tourelle ronde du devant de l'église.

A Senuc, également sur l'église, M. le Dʳ Guelliot a aperçu en 1909, un cadran solaire, mais sans inscription et noirci, avec les chiffres effacés. Il en est de même à Terron-s-Aisne, où il s'en trouvait un au mur extérieur de la sacristie, qui ne conserve ni légende, ni date.

A Saint-Lambert, près d'Attigny, où plusieurs façades de maisons montrent des devises, des dates et des figures de cœurs, M. le Dʳ Guelliot a pu acquérir un cadran octogonal en ardoise pour le Musée ethnographique de la Champagne ; il porte la date 1761 avec les initiales L. G., mais il est sans légende et sans style. Il avait sans doute été fait pour le jardin de la maison où il était naguère fixé et qui est datée de 1760.

A Châtel, canton de Grandpré, un cadran solaire moderne (vers 1840) est peint sur la muraille de l'église,

(1) Extrait d'une *Notice historique de la paroisse de Saint-Juvin* (vers 1850).

qui est elle-même d'un époque récente du xviii° siècle. Ce renseignement nous est fourni par M. Paul Savy, qui a exploré déjà pour nous quelques localités de ra Marne et nous renseignera sur un cadran horizontar qu'il connaît à Grandpré. Un cadran du même genre se trouve à Neuville-Day, près de Voncq, et un cadran perpendiculaire existe encore, d'après ses souvenirs, à Montgon, près du Chesne.

Avant de clôre la liste des instruments horaires du

département des Ardennes, il ne sera pas hors de propos de signaler la survivance, chez un descendant de la famille Merlin, de La Romagne, du cadran solaire portatif du général Pierre Jadart du Merbion, l'ancien commandant en chef de l'armée d'Italie, né et mort à Montmeillant, canton de Chaumont-Porcien (1). Cet appareil de précision avec boussole, de petites dimensions, en argent très finement gravé, portant la marque de *Butterfield, à Paris* (2), accompagnait le général

(1) *Au pays du général Pierre Jadart du Merbion,* notes et souvenirs par Albert BAUDON, Reims, 1908, p. 6.

(2) Sur les appareils de ce genre, voir *La Nature,* numéros du 13 décembre 1890 et 4 avril 1891.

pendant ses campagnes et lui servait à régler les deux montres en or qui sont pareillement conservées dans la famille Merlin, entre les mains obligeantes de l'arrière petit-neveu du général (1). Cet appareil est reproduit ici sur ses deux faces, grâce au prêt aimable du possesseur.

---

## SUPPLÉMENT POUR LE DÉPARTEMENT DES ARDENNES

---

### Ville de Mézières

La ville de Mézières ne possédait pas seulement le cadran solaire de Monge : il en existait un autre établi sans doute à son imitation en 1827 tout près de la Préfecture, sur la face vers le sud de la maison appartenant à M. Bruxelle-Guérin, mais il a beaucoup souffert des intempéries et s'oblitère de plus en plus. Nous en devons un croquis à l'obligeance de M. Paul Laurent, archiviste, qui le donne dans son état actuel incomplet : il avait été peint en noir, mais l'inscription du sommet, à part les trois lettres QUO, n'est plus lisible ; cependant les chiffres romains des heures et les chiffres arabes des calculs subsistent encore, ainsi que les lignes horaires avec la date de 1827, inscrite au bas. Ce ne sera bientôt plus qu'un souvenir.

Le Musée de Charleville a acquis, nous l'avons dit, le précieux cadran solaire de l'abbaye de Septfontaines, et à cette occasion un journal des Ardennes (2) a publié une intéressante note de M. Thellier sur deux autres cadrans se trouvant sur le territoire de Prix, l'un daté de 1765, orné d'armoiries, fleurs de lis et autres attributs ; l'autre sans date, mais paraissant remonter au

---

(1) M. Merlin, fils de Mme Vve Merlin, demeurant à Reims, rue Nicolas-Henriot, 5. (Visite du 9 février 1910).

(2) *Le Petit Ardennais* du 25 juillet 1911, indication de M. Al. BAUDON.

temps de Louis XIII, muni de calculs astronomiques et des signes du zodiaque.

M. Van Praet a bien voulu nous informer, de son côté, qu'il possédait le grand cadran en bronze tracé par M. l'abbé Rasquin, ancien curé de Blagny, et un autre finement dessiné sur ardoise, remontant au début du XIXᵉ siècle (1).

### Ville et arrondissement de Rethel

A Rethel, nous ignorions l'existence de curieux cadrans chez M. Ernest Quantinet (2, rue du Quai d'Orfeuil), au milieu d'une collection d'objets anciens qui possède de remarquables spécimens en tous genres. On y voit deux cadrans horizontaux sur ardoise, de forme arrondie, avec les heures en chiffres romains, les styles manquent ainsi que les supports. Nous avons observé surtout un autre cadran également horizontal sur ardoise, de forme octogonale régulière (0 m. 17 sur chaque côté), encore muni de son style en cuivre, actuellement garni d'un encadrement en bois et fixé à la muraille. Cet appareil, qui paraît très soigné, provient, nous a-t-on dit, du château de Rethel, où il a été trouvé naguère par M. Henry, ancien jardinier au château. Il devait y être posé sur un socle et installé d'ancienne date dans les jardins. Nous ne pouvons que le supposer, car le millésime manque au cadran, mais son aspect seul le fait certainement remonter au XVIIᵉ siècle.

Une bordure très simple décore le pourtour ; dans la partie supérieure on lit une légende gravée en capitales sur deux lignes superposées, la première fruste à la fin :

REMARQVEZ C'EST LE LEVER ET COV.....

LES IOURS DES MOIS V LIGNES HORAIRES COVPENT

L'inscription appelle d'abord l'attention sur le lever et le coucher du soleil, puis sur les jours des mois inter-

---

(1) Lettre du 17 juillet 1911. Voir plus haut, p. 65.

calés en cinq lignes horaires tracées immédiatement au-dessous comme une portée de musique, disposition assez rare. On y voit en capitales les initiales des mois suivants entre les lignes, à droite : F (février), M (mars), A (avril), M (mai), I (juin), I (juillet), A (août), S (septembre), N (novembre), D (décembre). Des indications par chiffres correspondaient sans doute aux lignes qui se terminent sur les côtés en demi-cercle rentrant. Mais les intempéries ont rongé partout les caractères et le style est lui-même tout rouillé, d'après la description que M. H. Baudon a bien voulu en prendre tout récemment pour nous.

Il n'existe, dans le bas, aucune trace d'armoiries ou de noms qui renseigneraient sur l'origine et les anciens possesseurs.

Au château de Poilcourt (canton d'Asfeld), ancien domaine de la famille de Coucy, appartenant à M. Maurice Mérieux, M. l'agent voyer du canton d'Asfeld nous a signalé un cadran solaire existant encore sur la face au sud et vers la cour du bâtiment d'entrée contenant la porte cochère accédant à cette cour. La maison d'habitation, du temps de Louis XIII, conserve de son côté de précieuses taques de foyer couvertes de décorations et d'armoiries.

A l'église de Doux, sur le contrefort à gauche du petit portail, est gravé un cadran solaire portant la date de 1767 avec les caractères habituels sans le style, comme l'a constaté M. Al. Baudon. — M. l'abbé Poulin nous a aussi fait connaître l'existence d'un cadran solaire du xviiie siècle au presbytère de Juniville, et d'un autre à Tagnon, chez M. Vanier-Crévot, gravé au mur, d'une forme arrondie, avec les chiffres horaires arabes, mais dont le fer a été enlevé. — Le même chercheur nous a indiqué enfin à l'église de Roizy, au-dessus du petit portail sud, un cadran solaire portant encore son style mais dont l'inscription est fruste.

Nous avons recueilli de M. E. Bosse, correspondant des Antiquaires de France à Château-Porcien, trois indications nouvelles et fort intéressantes : M. Misset, notaire dans la même ville, possède un cadran solaire en ardoise perpendiculaire, offrant les heures tout autour en chiffres arabes ; le style est encore surmonté d'une couronne sans armoiries ; il est signé à la pointe au dos du nom d'un ancien receveur de l'enregistrement : *fecit de Latour*. — M. Misset conserve aussi un petit appareil horaire en cuivre, du XVIIIe siècle, très finement gravé et portant le nom du fabricant très connu : *Butterfield à Paris*.

Un autre cadran solaire de poche, en cuivre jaune, est la propriété de M. Potier, entrepreneur de maçonnerie à Saint-Fergeux, appareil muni de son style, mais dont la boussole manque ; on y remarque la signature du fabricant : N. BION A PARIS.

### Arrondissement de Rocroi

FUMAY. — J'ai découvert, nous écrit l'obligeant et érudit docteur Georges Bourgeois :

1° Un cadran solaire horizontal, de forme octogonale, monté sur pied, avec petite tige en fer et heures en chiffres romains, portant cette inscription gravé sur pierre d'ardoise :

M   J

B   S

AN   1820

Il se trouve dans le jardin d'une maison, sise sur le quai, et qui appartint successivement aux familles Bertrand, Davreux-Maréchal et Despas-Rofidal, et aujourd'hui à M. le commandant en retraite Patez. Celui-ci, amateur d'histoire locale et très curieux des souvenirs de sa petite patrie s'est empressé de le consolider.

Ce cadran ne pouvait tomber en meilleures mains.

2° Un cadran solaire, gravé sur pierre d'ardoise, dans un excellent état de conservation et portant cette inscription :

ME FECIT NANQUETTE 1780.

Il appartient à M. C. René, ancien libraire à Mézières qui l'a trouvé dans une maison de la Grand'Rue, à Fumay. Il se propose de le fixer au mur du jardin. On ne peut qu'applaudir à cette intelligente initiative.

3° Un grand cadran vertical en ardoise qui se trouvait autrefois sur la façade d'une maison du quartier de l'Hobette, et qui appartient aujourd'hui à M. Féart-Mélui.

Il est bien conservé malgré l'usure du temps et des intempéries. Les heures sont en chiffres romains.

Il porte cette inscription :

J. L. NANQUETTE MARCHAND
FABRIQUAN A FUMAY

Il est naturel qu'un pays où la pierre d'ardoise était si facile à se procurer, possédât son « fabricant de cadrans ». Plusieurs autres m'ont été signalés comme existant encore il y a une huitaine d'années, je vais me mettre à leur recherche.

HARGNIES. — Il existait, il y a plus de trente ans, dans le jardin du presbytère de Hargnies, un cadran solaire en ardoise qu'y avait fait placer mon grand-oncle, l'abbé J.-J. Bourgeois. J'ignore s'il s'y trouve encore.

D'autres indications non moins utiles nous sont venues de Givet par la collaboration très empressée de M. Wauthier, gendarme en cette ville (1). Il nous a fait connaître d'abord l'ancien cadran solaire dont la tige subsiste et qui était peint sur la façade latérale droite

(1) Lettres des 25 décembre 1910 et 3 janvier 1911.

de l'église de Charlemont. Un second cadran bien
conservé, est peint sur une façade de l'ancien couvent
des Récollets, de forme rectangulaire d'environ 1 m. 50
de base sur 1 m. de hauteur, gradué en chiffres arabes
de 9 heures du matin à 3 heures du soir, sans légende
ni date ; le style en fer est en place et l'ensemble
paraît ancien, selon les souvenirs d'un nonagénaire qui
le connaît depuis son enfance.

Deux cadrans horizontaux gravés sur ardoise, se
voient dans les environs, l'un dans le jardin du presbytère de Foisches, et l'autre dans le parc du château
de Vireux, ancienne propriété de la famille Gillot d'Hon.
Il en existerait aussi un du même genre au château
de Chooz, et un autre au château de Massembre.

Enfin, un cadran horizontal, de forme octogonale
allongée, marquant les heures de 4 heures du matin
à 8 heures du soir en chiffres romains, avec style en
cuivre en forme d'équerre, offrant au bas, une corbeille
de fleurs et portant la mention : *Thiry l'aîné*, 1797 (1),
appartient à M. Brasseur, collectionneur à Givet (rue
Thiers). Un dessin fort exact nous en a été envoyé
par M. Wauthier.

Rappelons enfin, qu'un cadran solaire était peint sur
la façade de l'ancienne mairie de Givet et qu'il a disparu avec la démolition, sans laisser même le souvenir
de sa légende.

Il nous est venu de Belgique une communication non
moins obligeante de la part de M. le docteur T. Delogne,
médecin à Alle-sur-Semois, pour porter à la connaissance des amateurs une pièce très remarquable qu'il
possède et dont il a dressé le croquis. C'est un cadran
horizontal octogonal, gravé très finement sur une pierre
d'ardoise du pays mosan, offrant au centre la figure
du soleil, dont les rayons forment les lignes horaires ;
au-dessus, un écusson en forme de losange, avec

---

(1) Hubert Thiry, dit l'aîné, était avant la Révolution procureur de
la prévôté d'Agimont ; son frère Joseph Thiry, dit le jeune, fut
également procureur de cette prévôté. (Note de M. Wauthier.)

armoiries et couronne de comte ; les heures sont gravées autour en chiffres romains, et dans le cercle de la
bordure se trouvent de nombreux noms de villes d'Europe : *Liège, Louvain, Lyon, Madrid, Paris, Rheims,
Rome, Venise, Vienne,* etc. En outre, le docteur Delogne
a copié ainsi les inscriptions et la date, avec la signature de l'artiste :

> *Hora suprema est hæc multis*
> *fortassè tibique*
> *Ortus solis. — Occasus solis.*
> *Gervaise fecit*
> *à Vireux* (1).
> MDCCXXXVIII

Quant à la provenance, entre les mains du possesseur actuel, elle s'explique par le don qu'en fit à son
père un ancien curé d'Oisi (Belgique), lequel était originaire de Gespunsart (Ardennes).

Il nous resterait à identifier les armoiries du cadran
avec celles d'une famille de la région au XVIIIᵉ siècle,
afin d'en tracer l'histoire complète, mais le dessin n'en
offre qu'une trop fine silhouette semblant représenter
deux oiseaux affrontés avec une tige entre eux.

### Arrondissement de Vouziers

De la région sud du département des Ardennes, il
nous a été transmis également quelques derniers renseignements bons à reproduire et dont nous en remercions nos fidèles correspondants. M. Ch. Hemmerlé nous
a fait connaître l'existence de cadrans horizontaux en
ardoise, montés sur des colonnes, l'un dans les jardins
de Mme de Chanteloup, à Semuy ; les autres chez
M. Labbé, à Monthois, dans l'ancienne maison de

(1) Ce nom de Gervaise nous a déjà été indiqué par M. l'abbé
Antoine comme celui d'un échevin de Vireux vers 1750 et d'un habile
dessinateur de cadrans. (*Histoire de Vireux,* p. 140).

M. Remuat, notaire et maire, bienfaiteur de la commune ;
et chez M. Louis Clerc, à Saint-Morel.

M. le docteur Guelliot, qui s'intéresse particulièrement
à l'arrondissement de Vouziers, dont il parcourt les
communes en tous sens, nous a donné les notes suivantes sur plusieurs églises :

« A Marvaux, cadran solaire, taillé dans la pierre
sur un contrefort sud, sans inscription ni style ; — Le
Chesne, cadran solaire au-dessus du portail sud, rayons
et chiffres en noir, style en fer ; — à Verpel, au contrefort sud-ouest, cadran solaire rectangulaire, taillé
dans la pierre ; — à Chuffilly, cadran solaire en bois,
sans style, sur le pignon du portail. » Il a joint une
mention finale pour Neuville-Day : « Sur le linteau
d'une porte de maison, sur la pierre formant la clef de
voûte, petit cadran solaire (environ 22 centimètres de
diamètre) sculpté dans cette pierre, et à côté, sur une
porte de la même époque, la date 1790 ».

M. l'abbé Poulin, a vu de son côté, à Marvaux, au
presbytère, un cadran horizontal, gravé sur une pierre
octogonale de 0 m. 40 environ de largeur, sans légende
ni date, offrant les heures tout autour en chiffres
romains.

A toutes les époques et dans tous les lieux, on a donc
tracé des cadrans solaires dont l'emploi s'imposait
avant la multiplication des horloges et des montres qui
a aboli de nos jours l'usage ancien et invétéré, si curieux
encore à observer dans ses dernières traces.

# DÉPARTEMENT DE L'AISNE (1)

Ce département est d'une trop vaste étendue, trop divers dans ses parties éloignées, pour que nous ayons la prétention de l'avoir parcouru et d'y signaler un véritable ensemble de cadrans solaires. Nous n'aurons à offrir que peu de détails inconnus. Toutefois, nous allons procéder comme dans le reste de notre région rémoise et signaler ce que d'heureuses circonstances nous ont permis de connaître par nous-mêmes ou par de fidèles correspondants, soit une cinquantaine de cadrans solaires, dans les arrondissements de Laon, de Soissons, de Vervins et de Château-Thierry.

## Ville de Laon

C'est uniquement un cadran moderne que nous avions noté à Laon (2), mais sa légende est d'un caractère si peu banal qu'elle mérite, à tous les titres, d'être reproduite ici. Le cadran est peint dans un cartouche à la façade d'une maison située à l'extrémité de la ville, en face du Lycée, et il sert comme d'enseigne à cette maison :

(1) Voir les Almanachs de 1909 et de 1910 pour les cadrans solaires de la Marne et des Ardennes et le tirage à part pour les suppléments de la Marne et des Ardennes.

(2) Visite du 15 mai 1894. — Cf. *Le Vieux Laon*, par Jean MARQUISET, 1909, où les cadrans solaires anciens sont décrits aux pages 34, 52, 78, 162, 165 et 191.

## AVANT DE REGARDER SI JE SUIS JUSTE
## REGARDE SI TU L'ES TOI-MEME

*Année 1893*
*Trousset et Brébant*
LAON

Cette ville conserve cependant dans l'enceinte de ses monuments, d'anciens et remarquables cadrans solaires, dont il a été exécuté des reproductions sur cartes postales, notamment à la Cathédrale, au Palais-de-Justice (ancien évêché), à l'Hôpital général, etc. Leur description sera donnée avec plus de détails que nous ne pourrions le faire, par un érudit chercheur local, M. Alfred Barbier, horloger-joaillier, à Laon (5, rue du Bourg). Il publiera ses notes sur ces cadrans, et sur beaucoup d'autres du département de l'Aisne, dans le *Bulletin de la Société académique de Laon,* où nous renvoyons à l'avance (1).

Mais ce que nous ne pouvions omettre dès maintenant, c'est une liste purement indicative résultant des renseignements obligeants et précis fournis par M. Barbier dans une lettre du 4 novembre 1910, accompagnée des cartes postales si intéressantes dont nous parlions plus haut.

A la cathédrale, sur la gauche du porche de Saint-Béat, un ange adossé au contrefort, les ailes étendues dans le haut, tient ou plutôt supporte un cadran solaire carré, d'une époque beaucoup plus récente (1782) et encore muni de son fer. Il succédait alors à un cadran plus petit du moyen âge, dont l'ange était comme le gardien et sur lequel il étendait ses ailes protectrices.

Il y avait en outre à la cathédrale un cadran solaire horizontal sur le haut du croisillon sud, lequel servait sans doute à régler la marche de l'horloge installée au

(1) Une communication de M. Barbier sur *Quelques cadrans solaires du moyen âge dans le Laonnois* figurait à l'ordre du jour de la séance de la Société académique de Laon du 22 mars 1911.

*Dessins d'après photographies L. Lévy et Neurdein.*

CADRAN SOLAIRE
DE LA CATHÉDRALE DE LAON

CADRAN SOLAIRE
DU PALAIS DE JUSTICE DE LAON

sommet de la tour de ce côté, mais il a disparu dans les restaurations récentes.

A l'ancien évêché, sur la façade qui regarde le midi, au-dessus de la galerie du cloître, la muraille offre un vaste cadran solaire avec le détail des calculs horaires et des décorations en rapport avec le caractère du lieu, bien effacées aujourd'hui au Palais de Justice.

A l'Hôpital, c'est au sommet de la façade intérieure, à droite et au-dessus de l'entrée, qu'un cadran du XVIIᵉ siècle se trouve fixé. On y lit, avec la date de 1687, deux légendes latines sur la briéveté du temps :

| UT CVSPIS | SVPREMA |
|---|---|
| SIC VITA | HÆC MVLTIS |
| FLVIT DUM | FORSAN |
| STARE | TIBI |
| VIDETUR 1687 | |

| *Comme l'aiguille du cadran* | *C'est l'heure suprême* |
|---|---|
| *ainsi la vie s'écoule* | *pour beaucoup* |
| *tandis qu'elle semble arrêtée.* | *peut-être pour toi.* |

Sur la façade de l'hôtel de la Hure, rue du Bourg, est peint en noir un vaste cadran solaire sans légende, remontant sans doute au XVIIIᵉ siècle.

A l'angle vers le sud de la façade du Théâtre (ancienne église Saint-Remi-Velours), on voit une méridienne complète tracée d'ancienne date et conservée avec les calculs en bon état.

Enfin, sur un mur de la Prison, ancien couvent de la Congrégation, un cadran solaire rectangulaire subsiste avec la date de 1627. Un autre cadran vertical déclinant, du XVIIIᵉ siècle, existe sur une aile de l'ancienne abbaye de Saint-Vincent, transformée en arsenal.

On y lit :

### UTERE PRÆSENTI

*Servez-vous bien de l'heure présente.*

## Arrondissement de Laon

Quant aux communes de l'arrondissement, nous avons des renseignements sur plusieurs d'entre-elles, appartenant aux cantons de Rozoy et Crécy-sur-Serre, de Sissonne et de Neufchâtel, ces derniers, limitrophes du département des Ardennes. En voici la nomenclature :

BUCY-LÈS-PIERREPONT. — Nous avons découvert à Reims, chez M. Deffaux, menuisier, rue du Levant, 9, un petit cadran horizontal en ardoise, fort bien gravé, mesurant 0 m. 16 de hauteur sur une largeur égale, le style manque et l'appareil est démonté, mais il conserve ses caractères essentiels, les heures sont gravées en chiffres arabes de 4 heures du matin à 8 heures du soir, autour d'un encadrement élégamment décoré dans le style du XVIIIᵉ siècle. Il porte cependant la date de 1823 et la signature d'un contemporain bonne à rappeler: *Broyart f., instituteur à Bucy-lès-Pierrepont.*

DIZY-LE-GROS (1). — M. Nota, de Sévigny-Waleppe (Ardennes), nous a apporté un grand cadran en ardoise, de forme carrée, scié en deux ; il est orné de fleurs aux angles, avec la devise :

### UNAM TIME

et les initiales MDC, entrelacées et gravées dans un cartouche surmonté d'une couronne de marquis ; il provient de la maison *Nota, carrier à Dizy.*

MONTCORNET. — Dans la cour de Mlle Chappelet, se voit un très beau cadran en ardoise, avec figure en relief du soleil et la devise :

### ULTIMAM TIME

(1) A partir de cet article, et pour les six suivants, c'est à M. Jules Carlier que nous les devons et nous l'en remercions de nouveau.

Rozoy-sur-Serre. — Un grand cadran solaire est peint dans la cour du café du *Chat noir*, sans date ni devise.

Un autre cadran sur ardoise, gravé avec les chiffres romains d'un bon dessin et la devise si fréquemment répétée :

## ULTIMAM TIME

se trouve dans la collection de M. Léon Camus.

Lor. — M. Demonceau, collectionneur, conserve dans son grenier un grand cadran horizontal en ardoise, de forme octogone, sans date ni devise ; au dos de la plaque se trouve un essai de cadran perpendiculaire avec les lignes seulement.

Lappion. — Au-dessus de la porte d'entrée du presbytère est peint en noir un cadran avec la date de 1769.

Tout autour de la vaste place publique, on remarque encore plusieurs maisons ayant conesrvé le caractère ancien, l'une d'elles avec étage supérieur en saillie, date certainement du xvi° siècle. Celle de M. Avé montre encore en place un cadran en ardoise avec la date de 1722.

Un autre cadran en ardoise se voit aussi à Lappion, chez M. Duchène père. Il est orné d'un soleil, signé et daté :

## BIENAIME

## 1844

Bonqourt. — Un cadran, sans date ni devise, mais d'un beau travail, se voit chez M. Adrien Pierret (note de M. Eug. Macquin).

Noirqourt. — Cadran solaire en ardoise de forme octogone, très bien gravé. Dans le haut, soleil rayonnant et en dessous objets religieux, ciboire et ostensoir.

Au revers est gravée la mention suivante :

LE PRÉSENT CADRAN APPARTIENT

A M. LOUIS-CHARLES WATTEAU

CULTIVATEUR A MONTLOUÉ

FAIT PAR M⁺ PICART ARPENTEUR

L'AN 13 PREMIER IMPÉRIAL.

Il est actuellement chez M. Camu, à Noircourt.

M. le Dʳ Railliet vient de nous signaler un cadran solaire encore existant à Chaourse en 1905, mais dont il ne restait guère que les contours s'effaçant de plus en plus, on y voyait à peine le mot :

## ENSEIGNEMENT

et au bas les chiffres XI, XII.

A La Malmaison, dans une visite du 5 septembre 1911, nous avons vu au coin de la façade occidentale de l'église, à trois mètres de hauteur environ, un petit cadran solaire en pierre, sans légende, portant au sommet la date de 1707, date de l'agrandissement de l'église. Les lignes horaires, au-dessous de la date, aboutissent aux heures marquées en chiffres arabes.

Nous avons vu aussi, dans une visite récente à l'Asile de Prémontré, sur l'un des superbes bâtiments de l'ancienne abbaye affecté au pensionnat des hommes, un cadran solaire circulaire en bois, qui nous a paru moderne, offrant le style et les heures peintes en chiffres romains, avec la signature : *Archin, Soissons.*

Aux fermes de Beauvois, dépendant de Goudelancourt-lès-Pierrepont, M. Arthur Pasquier nous a signalé chez M. Coquebert, un cadran solaire ovale perpendiculaire en ardoise, qui peut être d'ancienne date.

A Montloué, c'est encore M. Jules Carlier qui a constaté la présence d'un cadran solaire en ardoise dans la rue Saint-Martin, au pignon de la maison de M. A. Carlier, ancien maire, portant cette sentence si fréquenté : UNAM TIME. A côté du cadran se trouvent de naïves figures de la Vierge et de saint Martin, malheureusement mutilées.

Le même chercheur a découvert aussi à Montcornet, un autre cadran sur ardoise, fort bien décoré avec motifs et armoiries en relief ; il est installé dans le jardin de M. Pierron, brasseur, et sa devise y figure toujours mais incomplète au début :

.....ICO NVMERAT DOMINVS

MORS TERMINAT HORAS

VLTIMAM TIME

Cette même sentence, qui forme un vers latin, a été également découverte, à Barenton-Bugny, par M. Barbier sur un cadran horizontal en ardoise de forme octogonale, signé : *M. Duveuf doyen,* daté de 1805, très bien gravé avec attributs religieux et la figure du soleil au centre de la division horaire. Voici l'inscription entière d'après lui :

ANNO DOMINI MDCCCV

INDICO NVMERAT DOMINVS

MORS TERMINAT HORAS

VLTIMAM TIME

M. Barbier se demandait si le premier mot du vers latin était *Judico* ou *Indico ;* c'est ce dernier mot qui peut seul y figurer avec la quantité nécessaire et même d'après le sens général :

*Indico, numerat Dominus, mors terminat horas.*

Le cadran parle : *J'indique les heures, Dieu les compte, la mort les termine.*

Il ne me reste plus qu'à rappeler, d'après M. Barbier, le cadran solaire bien connu de l'hôtel des *Trois-Rois,*

à Notre-Dame de Liesse, lequel reproduit la légende :
*Fluit,* que nous avons déjà rencontrée à Laon avec la
suite : *dum stare videtur.*

A Amifontaine, c'est un cadran solaire sans légende
que M. Paul Savy a examiné dans la maison de
M. Hanol-Langlet, surmontant la fenêtre du premier
étage dans la cour, au-dessus de la porte d'entrée de
l'habitation.

Nous avons encore à rappeler pour le canton de
Craonne, un joli cadran horizontal gravé sur ardoise
avec la méridienne, provenant du château de Craonnelle
et se trouvant aujourd'hui à Reims chez M. Mouginot,
que nous avons décrit à la suite des cadrans rémois.

La visite de l'église de Bruyères-et-Montbérault par
le Congrès archéologique, le 26 juin 1911, a permis de
constater la présence d'un cadran solaire en pierre du
XIII<sup>e</sup> siècle, de forme circulaire, sur un contrefort du
croisillon sud. Il en existe de la même époque à l'église
de Nouvion-et-Câtillon et à celle de Vaux-sous-Laon. Le
colombier si curieux de la Renaissance, que l'on voit
dans cette dernière localité, conserve aussi son appareil
horaire contemporain. L'église d'Anizy-le-Château avait
de même son cadran solaire du moyen-âge.

Le beffroi isolé qui s'élève sur la place publique de
Crécy-sur-Serre et supporte le campanile de l'horloge,
montre également un ancien cadran solaire sur sa face
vers le sud (1).

## Ville de Soissons

Les cadrans solaires ont abondé jadis dans cette ville
aux façades des édifices et des maisons, et l'on y conservait aussi des appareils horaires transmis dans les
familles. Nous en avons pour preuves les cadrans portatifs de ce genre entrés récemment au Musée que nous a
fait voir si obligeamment le conservateur, M. Fernand

(1) Un amateur de Crécy, M. Pol Baudet, possède le cadran solaire
avec l'emblème franciscain, décrit à la page 23 de cette notice.

Blanchard. Le joli cadran solaire et lunaire, provenant de la famille de Tugny, est daté de 1736, il est gravé sur marbre avec sa tige en cuivre, le tout en bon état. On y lit cette sentence que nous n'avions encore rencontrée nulle part, sauf à Laon :

HAEC ULTIMA MULTIS

FORSAN TIBI

*Cette heure est la dernière pour beaucoup, elle le sera peut-être pour toi.*

Le Musée de Soissons possède aussi un débris de cadran solaire en ardoise, offrant dans la partie supérieure un vers latin, fautif au dernier mot :

*Umbra fugit Redeuntque dies, sic vita mutat(ur),*

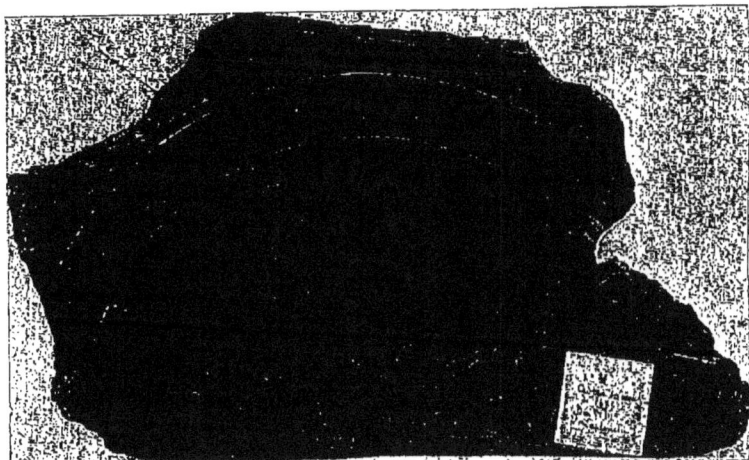

Cliché A. Vergnot, phot. Soissons.

CADRAN SOLAIRE DU MUSÉE DE SOISSONS

avec la date au-dessous : 1685, et la signature plus bas: *Thierry fecit.* Au milieu est gravé un écusson ovale, sommé d'un heaume avec lambrequin, portant : *de... au chevron de... accompagné en chef de deux oiseaux affrontés de... et en pointe d'une tige de fleur de...* (H. 0,17 ; L. 0,28.)

Il y avait dans la cour de l'ancienne Intendance, deux cadrans solaires, l'un au bâtiment du fond sur la gauche, tourné vers l'ouest, où il ne subsiste que la tige en fer et quelques lettres à peine visibles dans le haut, d'autres lettres en bas sont frustes et n'offrent aucun sens à notre examen (12 avril 1909).

Sur le bâtiment de gauche en entrant, logement du concierge, existait un autre cadran solaire vers le sud, dont la tige subsiste, les heures sont peintes en noir, pas de légende aujourd'hui visible. Ce, sont des cadrans complémentaires.

Cet hôtel de l'Intendance avait été construit vers 1777 et il devint l'Hôtel de Ville sous la Restauration.

Un cadran vraiment décoratif, restauré de nos jours, est celui du collège de Soissons, qui se voit de l'impasse Saint-Nicolas à l'édifice du fond, au niveau du second étage. C'est un vaste cadran peint au milieu d'un encadrement richement décoré ; on lit sur la bordure :

### VNAM TIME

et au bas la date 1844, celle d'une réfection probablement, car ce collège eut son cadran de plus ancienne date et celui-ci, d'après la tradition, serait l'œuvre des Oratoriens qui dirigèrent le Collège au xviii° siècle.

Sur la grande place de la ville, à la maison n° 20, qui est un élégant hôtel du xviii° siècle, précédé d'une cour fermée par une grille en fer forgé, on remarque au-dessus de la niche du fond un cadran solaire dans un cartouche entouré de guirlandes, sculpté en plein sur la muraille ; les heures y sont peintes en noir, la tige en fer projette l'ombre sur elles, mais on ne lit ni légende ni date. Sa reproduction nous a été gracieusement accordée par Mme la Comtesse de Barral qui habite l'hôtel. M. A. Vergnol l'a photographié avec un soin parfait dont nous le remercions.

Comme l'hôtel même, le cadran remonte au xviii° siècle. On sait que les hôtels qui entourent cette place furent, en majorité, bâtis pour loger les ambassadeurs des diverses puissances de l'Europe, assemblés à Soissons en 1728 pour le Congrès dit *de la Paix*.

CADRAN SOLAIRE DE L'HOTEL DE M^me LA COMTESSE DE BARRAL

Un cadran solaire ancien se voit encore dans la cour du Palais de Justice, sur la gauche en entrant, et M. Fernand Blanchard a bien voulu nous le décrire :

« Pour le cadran du Palais, nous dit-il, il est peint en ocre jaune. Au haut, dans le milieu, un masque grimaçant, mordu de chaque côté par deux animaux fantastiques dont la queue est dentelée en dents de loup et descend de chaque côté du cadran, ainsi qu'un lambrequin d'encadrement. Il n'y a pas de devise. »

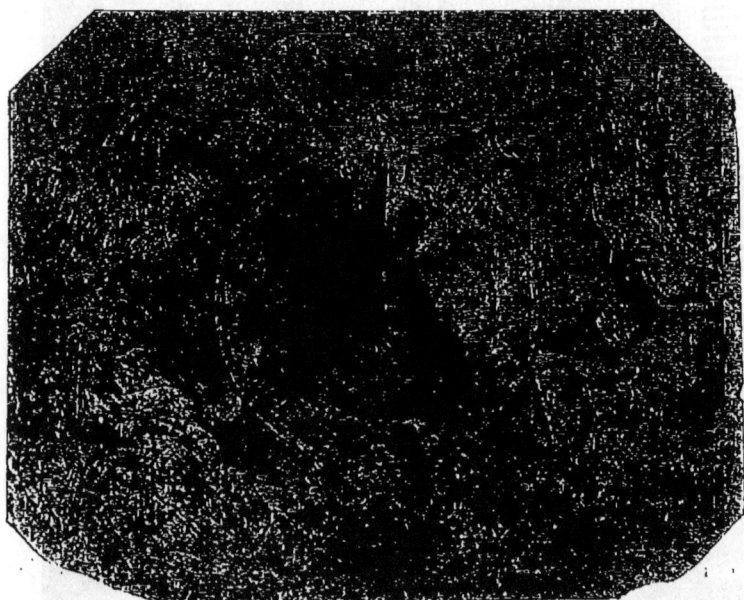

Cliché A. Vergnol, phot. Soissons.

CADRAN SOLAIRE DE L'ANCIEN ÉVÊCHÉ

M. Fernand Blanchard nous annonçait ensuite une découverte pour le public : « J'ai cherché quelque chose d'inédit à vous donner, écrit-il, je crois bien avoir trouvé du neuf avec le cadran solaire de l'Evêché (1). Ici, on ne l'a jamais signalé, j'ignorais son existence, caché

(1) Ancien évêché dans une rue voisine de la cathédrale, inoccupé depuis 1906. M. Barbier possède à Laon un cadran solaire aux armes de Mgr de Bourdeilles, le dernier évêque de Soissons avant le Concordat.

qu'il était au détour d'une allée du jardin épiscopal où il est fixé sur une table de pierre. Il a été donné, je crois, par le doyen de La Capelle à Mgr Duval, qui fut à la tête de notre diocèse il y a une quinzaine d'années. Ce fut notre collègue en archéologie, M. l'abbé Hivet, qui dirigea les travaux de réédification et d'orientation de la table de pierre, où le cadran d'ardoise fut scellé à nouveau. Il rappelle, en plus beau, le cadran du musée de Soissons. Cependant il est plus usé et il est très abîmé par la pluie et par les intempéries.

« Voici ce qu'on y voit : parmi un décor de draperies et d'angelots, se distinguent deux écussons, l'un de cardinal-duc, est: *d'azur chargé de trois arbres (?) de sinople, placés 2 et 1* ; l'autre : *de gueules à la fasce d'or ou d'argent, chargé en pointe d'un cerf courant*, le tout sommé d'une couronne d'abbé (1). Au centre de la plaque, au-dessus des heures, un cartouche très ornementé renferme cette phrase latine dont les majuscules additionnées donnent la date 1726, soit en chiffres romains : MDCLLVVVVVI :

VeLVt VMbra DeCLInaVerVnt (2)

*Velut umbra declinaverunt.*
*Ainsi que l'ombre, nos jours ont décliné.*

« Dans un coin, on déchiffre encore une répétition de la même pensée :

*Ut fugit hora brevis, sic tua vita perit.*
*Ainsi fuit l'heure rapide, ainsi ta vie périt.*

« Vous avez donc la primeur de ce cadran qui me semble provenir, soit de l'abbaye de Cuissy, soit du

(1) Ces dernières armes se remarquent sur un fronton de bois sculpté, déposé au Musée de Soissons.

(2) Cette forme est celle d'un *chronogramme,* manière de dater en formulant un fait ou une pensée, très usitée dans les Flandres et le nord de la France.

Val-Saint-Pierre, de la Chartreuse de ce nom dans le
Vervinois. Deux autres devises existaient encore sur
cette plaque d'ardoise. Elles sont frustes et presqu'effacées (1).

## Arrondissements de Soissons, de Château-Thierry
### et de Vervins

Dans l'arrondissement de Soissons, nous avons rencontré le 22 juin dernier, lors de la visite du Congrès
archéologique au donjon si intéressant de Septmonts,
la vieille forteresse des évêques de Soissons, à la hauteur d'une terrasse et du chemin de ronde, un ancien
cadran solaire gravé dans la pierre. Il est arrondi du
bas, sa tige en fer subsiste et marquerait encore les
heures sur les lignes parfaitement visibles, si les chiffres
n'avaient été effacés par les intempéries. Une toiture
existait jadis en avant du cadran.

Grâce à M. L.-B. Riomet, membre et collaborateur de
la Société historique de Château-Thierry, instituteur à
Passy-sur-Marne (canton de Condé-en-Brie), nous
savons qu'il y avait dans sa commune une pierre provenant d'un cadran solaire et qui se trouve dans la cour
de l'ancienne ferme seigneuriale, sur laquelle on lisait
cette belle sentence :

### SIC VITA PRÆCEPS LABITUR

*Ainsi la vie se précipite dans son cours.*

La maison de cette ferme porte encore un cadran
solaire à sa façade.

M. Riomet, qui est originaire de la Thiérache, a
recueilli chez lui et possède un beau cadran du XVIIIe

(1) Lettre du 16 février 1910, dont nous remercions bien sincère-
ment notre collègue, M Fernand Blanchard, si subitement enlevé à
notre estime et à notre affection le 14 octobre 1911, après qu'il eut
corrigé l'épreuve de cet article, souvenir précieux de l'un de ses
derniers travaux et de sa collaboration érudite.

siècle, provenant de cette région, sur lequel les heures sont inscrites en chiffres romains autour d'une bordure décorée de vases et de fleurs ; au milieu est gravée une figure en forme de cœur avec la date et la signature :

F. PAR MOI A. BARBIER

M. QUANIAU A PLOMION (1)

1785

Le même archéologue nous a fait connaître, en outre, l'existence d'anciens cadrans solaires dans une commune du même canton qu'il habite.

« Sur un des contreforts de l'église de Reuilly (commune de Reuilly-Sauvigny), il y a deux cadrans solaires superposés ; les pierres s'effritent ; malgré cela on peut encore lire les heures.

« Au-dessus de la porte d'entrée, au portail, sur une pierre provenant d'un cadran solaire daté de 1682 et qui sert d'encadrement dans la maçonnerie, on lit ce qui suit :

|  |  |
|---|---|
| N | 29 |
| 16 | 82 |

REV.I (2) LORIAVX (3). »

D'après notre zélé correspondant, d'autres cadrans solaires se trouvent à Arcy-Sainte-Restitue et sur la porte du château de Condé-en-Brie, au-dessus d'une petite pyramide (4). Autres cadrans à Courmont et à Gland.

Le cadran solaire situé sur la maison de M. Guiot-Macquart, charron à Arcy-Sainte-Restitue, offre l'inscription et la date :

SIC VITA FUGIT, 1831.

(1) *Plomion,* commune du can'on de Vervins.
(2) Peut-être Remi.
(3) L'I est presque enlevé.
(4) Vue de ce château dans le *Bulletin de l'Œuvre des Voyages scolaires,* 15 juillet 1910, p. 38.

C'est un cadran rectangulaire avec les heures en chiffres arabes de 5 heures du matin à 4 heures du soir.

Un autre cadran du même village a disparu depuis 1882 à la maison de M. Léotard. Sa légende était très belle et originale à propos des heures :

## ELLES S'OUBLIENT AVEC NOS AMIS.

« A Oulchy-le-Château, à la Grand'Maison (ancien fief des Chassebras), écrit encore M. Riomet, il existe un cadran solaire sur maçonnerie avec un petit canon. »

Nous nous sommes adressé à M. Frédéric Henriet qui a déjà illustré par son crayon et sa plume tant de localités des environs de Château-Thierry, et il nous a avoué n'avoir pas pris garde jusqu'ici aux cadrans solaires dont il ne se rappelait aucune légende. Il y fixera désormais son attention et complètera, lui et ses confrères de la Société archéologique, avec leur obligeance coutumière, notre trop modeste contingent sur les rives de la Marne.

On nous signale, dans le canton d'Oulchy, au château de Muret-et-Crouttes, appartenant à Mlle de Louvancourt, un cadran solaire mural de grande dimension et portant la date de 1638.

A Laon, M. Maurice Prudhomme possède un joli cadran solaire de jardin, octogonal en ardoise, provenant de La Capelle ; il est signé *Aubry,* daté de 1693, et il porte des armoiries formées de plusieurs quartiers qui n'ont pu encore être identifiées (1).

(1) Lettre de M. A. BARBIER, du 26 mars 1912.

Un regain de renseignements nous arrive à la dernière heure : nous ne voulons les omettre et nous remercions encore une fois ceux qui nous les procurent.

A Reims, M. Paul Savy, du haut des échafaudages qui se dressent au croisillon sud de l'église Saint-Remi, a découvert de loin la tige en fer de l'ancien cadran solaire de l'abbaye, lequel avait été tracé au fond de la cour qui s'étend derrière la salle capitulaire.

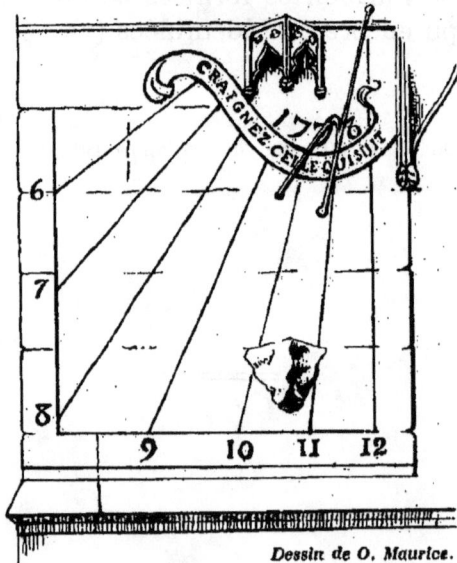

*Dessin de O. Maurice.*

CHALONS. — CADRAN SOLAIRE DE L'ÉGLISE SAINT-JEAN

Nous recevons de M. O. Maurice, de Chaintrix, le dessin du cadran solaire de l'église Saint-Jean de Châlons. Ce chercheur a vu beaucoup d'autres cadrans, notamment à Germinon, dans le canton de Vertus.

A Faissault (Ardennes), M. Jacquinot (Salomon) est venu nous apprendre qu'il possède dans son jardin un cadran solaire horizontal sur ardoise, provenant du presbytère de Viel-Saint-Remi, encore muni de sa tige en fer et ainsi signé : *Leroux fecit*, 1765.

Au Châtelet-sur-Retourne, M. Lepargneur, instituteur en retraite, est l'auteur du cadran solaire posé dans le jardin de M. Féloni.

De son côté, M. Lacaille, instituteur en retraite aux Hautes-Rivières, nous a offert un curieux volume intitulé : *Méthode nouvelle et générale pour tracer facilement des cadrans solaires*, par M. de la Prise, Caen, 1781, livre qui porte la signature : *Philibert Tonnellier, à Saint-Quentin-le-Petit, 18 avril 1854*. Cette provenance montre encore, à cette date, l'usage invétéré des manuels pour la confection des cadrans solaires dans nos campagnes.

Saint-Quentin-le-Petit est probablement, nous écrit encore M. Jules Carlier, le village ardennais qui compte le plus de cadrans solaires ; nous en avons déjà signalé trois, qui sont encore en place dans les rues du village ; d'autres sont démontés et remisés dans les greniers.

Le plus ancien est conservé chez Mme Linguet-Fossier. Il est en ardoise et porte un écusson fleurdelisé avec les sentences suivantes :

VITA HOMINIS FVGIT VELVT VMBRA

ME SOL, VOS VMBRA REGIT

MICHEL FONDER A FVMAY

1732

Un autre cadran, également intéressant, se trouve chez Mme Camu-Pottier, il porte les indications des équinoxes et des saisons ; on y lit :

ANNO DNI MDCCLV FACTVM EST.

SVPREMA HÆC MORTIS FORSAN DIES

M. Pierret, possède deux cadrans en pierre ; l'un est signé d'un constructeur local dont on connaît d'autres œuvres :

### FAIT PAR DELAN
#### 1825

L'autre, en pierre de Soissons, porte la date 1790 ; un autre du même genre avec légende fruste, sert de pierre à seau, dans la maison de Mme Villé.

Un cadran en ardoise, provenant de la maison, dite *La Cour*, à Villers-devant-le-Thour, porte cette devise :

*La vie passe comme l'ombre*
### DUPONT

Il a été rapporté à Hannogne, par M. Danhu-Leroy, qui y a gravé la mention suivante :

*Reposé par Danhu, en 1855*

A Givron, M. Fené, collectionneur d'armes, possède un cadran en ardoise qui porte cette devise révolutionnaire :

### VIVRE LIBRE OV MOVRIR
*8 Vendémière. L'An 3 de la République*
### F. CANARD.

M. Fené, père, conserve un petit cadran de poche avec boussole, laissé par les Allemands à Chaumont-Porcien en 1870. Nous en avons un français dans le même genre.

A Hauteville, dans le jardin de Mme Lefranc se voit, sur sa colonne en pierre, un beau cadran solaire très compliqué, avec son style en bronze, mais ne portant aucune inscription. Il provient de l'ancienne étude Pisvin, de Sévigny-Waleppe.

Nous avions indiqué plus haut (p. 50), le cadran solaire du château de Mareuil-sur-Ay, appartenant à M. de Montebello. Nous l'avons visité le 4 mars 1912 dans la cour affectée au commerce des vins de Champagne. Il est peint en noir, au-dessus de la porte vers le sud, dans un vaste rectangle, entretenu en bon état. Le fer ancien subsiste au sommet et les heures en chiffres romains sont marquées sur le bord, de 9 heures du matin à 7 heures du soir. La date de 1777 se lit auprès du style et la légende, sur une seule ligne, en lettres majuscules, domine l'ensemble :

NVLLA FLVAT HORA CVJVS NON
MEMINISSE VELIS

*Qu'aucune heure ne s'écoule*
*dont tu ne voudrais te souvenir.*

Terminons par un cadran rémois qui nous avait échappé jusqu'ici ; c'est sans doute un ancien cadran, mais il a été récemment repeint en noir au sommet de la face vers le sud de la jolie tourelle octogonale du 'xvi^e siècle, placée à l'angle de la cour de la maison Duchâtel, n° 17, de la rue des Deux-Anges. Il n'offre ni date, ni légende, mais son style marque les heures fidèlement de 8 heures du matin à 5 heures du soir. On le voit reproduit sur la vue de la cour de cette maison, donnée sous le titre : *Renaissance House in the rue des Deux-Anges Reims,* dans l'ouvrage de Henry Vizetelly, *A. History of Champagne*, London, 1882, p. 180. Sa renommée servira donc à illustrer l'histoire du vin de Champagne.

# VILLES DE FRANCE

ET

## APPENDICE

# VILLES DE FRANCE

Sous cette rubrique, nous allons comprendre la des·
cription sommaire des cadrans solaires que nous avons
vus avec leurs devises si curieuses et de ceux que nous
n'avons point vus, mais nous en parlerons d'après de
fidèles relations. Ce sera comme une revue générale, une
étude comparative avec nos propres cadrans, et en
somme le complément final d'une instructive leçon. Il
s'y trouvera peut-être quelques révélations, quelques
détails inédits et nouveaux pour étendre la découverte
de la gnomonique sur tous les points de notre patrie (1).

AMIENS. — En visitant l'admirable cathédrale de
cette ville, en 1893, nous avons remarqué deux cadrans
solaires du moyen âge, gravés sur la pierre d'un contrefort au midi, placés l'un au-dessus de l'autre et bien
effacés maintenant tous les deux. Celui du bas ne
porte aucune légende, celui du haut est surmonté du
nom de son constructeur ou donateur, tracé en lettres
minuscules gothiques :

*Loys de Pissy* (2).

(1) Au premier rang des archéologues qui ont déjà fait connaître
les devises des cadrans solaires en France, il faut citer M. le Baron
de Rivières, qui a publié dans le *Bulletin Monumental* (1877 à 1884),
la plus abondante série d'inscriptions de ces cadrans pour la région
d'Albi et le Midi en général. Voir l'article nécrologique sur le Baron
de Rivières : « Les devises horaires attirèrent aussi ses recherches
et il en a publié un riche répertoire » (*Bulletin Monumental*, 1908, t.
LXXII, p. 546).

(2) Pissy est une commune de l'arrondissement d'Amiens, dont était
sans doute originaire ce personnage, peut-être un chanoine d'Amiens.
Nous n'en avons pas trouvé mention, non plus que de ces cadrans
solaires, dans la splendide monographie de la cathédrale d'Amiens par
G. Durand, mais nous y avons lu (t. I, p. 257, et planche XII), la des-

Nous avons appris par l'obligeance de M. A. de Puisieux, président de la Société des Antiquaires de Picardie, qu'un cadran solaire se trouvait sur la chapelle de la congrégation du collège des jésuites d'Amiens, laquelle appartenait au xviiiᵉ siècle à l'hôpital des incurables. On y lit :

### VLTIMA LATET

*La dernière heure vous est cachée.*

Le même érudit avait lu ailleurs et récemment cette autre devise très énergique d'expression, mais empreinte d'une mélancolie cruelle :

### LÆDUNT OMNES, ULTIMA NECAT

*Toutes les heures blessent, la dernière tue* (1).

A cette devise trop pessimiste, opposons celle-ci plus consolatrice sous la même forme :

### PLURIMÆ LÆDUNT, ULTIMA SANET

*Beaucoup nous blessent, que la dernière nous guérisse.*

Bourges. — En parcourant cette ville au mois de février 1909, nous avons constaté aussi sur sa cathédrale l'existence d'un ancien cadran solaire actuellement fruste, la tige en fer a disparu. Il avait été peint, probablement à la Renaissance, sur la paroi du socle qui porte la chapelle absidale de l'axe, au centre du rond-point à l'extérieur et juste en face du soleil levant. On y distingue seulement quelques lettres capitales en noir ; la muraille avait reçu tout autour une décoration peinte avec une figure de saint Jean-Baptiste, dont la tête reste seule visible (2).

cription donnée avec la vue du curieux cadran solaire en pierre du moyen-âge, placé sous la statue d'un ange debout dans une niche au sommet du contrefort le plus rapproché du portail à la tour du sud.

(1) Supplément au *Dictionnaire des devises,* par H. Tausin, 1895, t. II, page 582.

(2) Description de ce cadran dans les *Notes sur la cathédrale de Bourges,* par l'abbé Barneaux, 2ᵉ édition, p. 121 à 124.

Deux autres cadrans plus récents nous ont aussi frappé dans les rues de Bourges. L'un se trouve visible de la Rue Moyenne, n° 37, dans un hôtel du XVII° siècle, appartenant à la famille de Montalivet, sous l'œil-de-bœuf ouvrant au-dessus de la porte d'entrée dans la cour. C'est un cadran solaire avec sa méridienne peinte au mur et accompagnée de deux légendes, la seconde d'une belle poésie française traduisant parfaitement la devise latine :

SIC VITA, DUM FUGIT, STARE VIDETUR

*La vie est comme l'ombre, insensible en son cours,*

*On la croit immobile, elle avance toujours.*

L'autre cadran est peint à l'angle d'un hôtel de l'avenue de Seraucourt, n° 22, récemment restauré, avec le chiffre du propriétaire A B. Il porte un souhait parfaitement optimiste :

HORA SIT OPTIMA OMNIBUS

*Que cette heure soit la meilleure pour tous.*

(*Rest.* 1880.)

BRIANÇON. — Cette ville et tout le Briançonnais ont fait l'objet d'une recherche et d'une publication des plus compétentes et des plus exactes pour tous les cadrans solaires qui y subsistaient encore en 1901. L'auteur est un enfant du pays, devenu l'un des savants médecins de Paris, qui a consacré tous ses soins à la description et à l'illustration des souvenirs populaires de sa contrée natale (1).

CHARTRES. — C'est encore un cadran de cathédrale que nous signalons, d'après ce passage d'une relation de

(1) *L'Art populaire dans le Briançonnais. Les Cadrans Solaires,* par Raphaël BLANCHARD, professeur à la Faculté de Médecine de Paris, membre de l'Académie de Médecine, 2° édition (Labeur est mon desduyt). — Paris, *Société d'Éditions Scientifiques,* 1901, gr. in-8° de 45 pages, avec figures nombreuses dans le texte.

M. Camille Enlart, directeur du Musée de la Sculpture
comparée au Trocadéro :

« A la cathédrale de Gênes, comme à celle de
Chartres, une statue placée à l'angle sud-ouest de la
façade tient un cadran solaire ; cette particularité fréquente en France a été mal interprétée à Gênes : le
peuple a dénommé la statue « le remouleur », et un
historien de Gênes y a vu un martyr tenant une meule,
instrument de son supplice ! » (1).

CLERMONT-EN-ARGONNE. — Au sommet de cette petite
ville se trouve la chapelle Sainte-Anne d'Argonne domi-
nant au loin la contrée, sanctuaire rustique dont les
murs sont couverts d'inscriptions. Le cadran solaire
n'y manque pas, il porte cette sentence d'une déchirante
tristesse, déjà rapportée plus haut :

TOT TELA, QUOT HORÆ

*Autant de traits que d'heures.*

Un distique, non moins triste mais empreint d'une
poétique élégance, se trouve peint autour d'une fenêtre:

*Quid vita est homini ? Viridantis flosculus horti,*

*Sole oriente oriens, sole cadente cadens.*

Qu'est donc la vie de l'homme ? C'est la petite fleur
du jardin verdoyant, qui nait au soleil levant et tombe
à son couchant (2).

COMPIÈGNE et CRÈVECOEUR (Oise). — Au collège de
cette ville, on voit un cadran solaire au-dessus de la
porte de l'habitation du principal, avec cette légende :

---

(1) Communication de M. Enlart à la Société des Antiquaires de
France, *Bulletin*, 1909, p. 292. — Cf. *La cathédrale de Chartres*, par
René MERLET, p. 79, cadran de l'horloge.

(2) Voir beaucoup d'autres inscriptions de la région dans la notice
de M. Léon GERMAIN, *Devises horaires*, Bar-le-Duc, 1887, p. 8 et 9. —
Cfr. *Excursion dans l'Argonne*, par H. JADART, Reims, 1894, p. 34. (Extr.
de la *Revue de Champagne et de Brie*, 1894).

## NULLA FLUAT CUJUS NON MEMINISSE JUVET

*Qu'aucune heure ne s'écoule dont il ne soit agréable*
*de se souvenir* (1).

Au boug de Crèvecœur (Oise), l'ancien hôtel de l'Ecu porte sur la façade un cadran solaire avec la devise reproduite sur une carte postale :

### TIME HORAM NE VIUAS

*Redoute l'heure pour bien vivre.*

LIMOGES. — Au Lycée de cette ville, sur le mur du fond de la grande cour, a été peint un immense cadran solaire, donnant ce conseil pratique aux élèves :

### TEMPUS FUGIT, UTERE

*Le temps fuit, usez-en* (2).

METZ. — Le capitaine Livet, membre de l'Académie de Metz, traça vers 1840, les deux cadrans solaires qui se voient encore sur la façade du corps de garde de la place d'Armes. Ils n'indiquent que trois heures (11 heures, midi et 1 heure), mais ils donnent l'heure moyenne par une fraction de la courbe dite *Lemniscate* et l'heure vraie par une ligne droite.

Le capitaine Livet a publié en 1839 : *L'Art de tracer les cadrans solaires,* et il y cite (p. 7) le monument de M. Laperelle, qui offrit la réunion de 25 cadrans de toute espèce.

Nous empruntons ces détails à un article d'une rare compétence : *Cadran solaire marquant seize heures,* construit par M. E. Lametz, ingénieur civil à Metz, rue Sainte-Marie, 16, membre titulaire de l'Académie de

(1) *L'Intermédiaire des chercheurs et curieux,* du 30 janvier 1909 ; voir d'autres légendes de cadrans solaires dans le même recueil, 20 juin 1908, col. 918 à 921.

(2) Citation de M. BÉTOLAUD dans sa notice sur le président Larombière, voir les *Séances et travaux de l'Académie des Sciences morales et politiques,* juin 1894, t. CXLI, p. 674.

Metz, article publié dans les *Mémoires de l'Académie de Metz*, 3ᵉ série, xxxvᵉ année, 1905-1906, volume publié en 1908, p. 215 à 223. On y trouve l'explication (p. 216), du cadran solaire fait par Achaz, dont il est parlé au Livre d'Isaïe (chapitre 38). Traduction du passage par Le Maître de Sacy.

NANCY. — Le Musée historique lorrain, au palais ducal de cette ville, possède une série importante d'horloges, de montres, de sphères, de cadrans et de boussoles. Parmi ces instruments, ils se trouve une table de bronze sur laquelle sont gravées les principales figures de la gnomonique, provenant peut-être de l'Université de Pont-à-Mousson et établie selon les calculs du P. Chr. Clavius, s. j. On y lit au bas, sur deux cartouches oblongs, ces sentences horaires :

> *Puis que la mort te doit surprendre,*
> *A tout' heure il te faut l'attendre.*
> *Douze heures mesurent le jour,*
> *Quelle finira ton séjour ?*

Nous renvoyons pour le surplus de cette description à la savante étude qu'elle a fait éditer (1).

Un petit cadran solaire en plomb, du même musée, porte cette belle sentence datée de 1732 :

MEAM VIDE UMBRAM

TUAM VIDEBIS VITAM

*Vois mon ombre, tu verras ta vie.*

Un autre petit cadran en rosette n'a pas d'autre légende que la signature :

URBAIN FECIT

ANNO CHRISTI 1507

---

(1) *Table d'horloges solaires* gravée par Jean APPIER-HANZELET, par Léon GERMAIN et CH. MILLOT, Nancy, 1893, in-8° avec planches. (Extrait des *Mémoires de la Société d'Archéologie Lorraine*, 1892).

A Vic, en Lorraine, dans un ancien couvent de Carmes, on lisait au-dessus du cadran solaire, cette pensée si vraie :

## AFFLICTIS LENTÆ, CELERES GAUDEN-
## TIBUS HORÆ

*Lentes pour les affligés, les heures sont rapides pour les heureux* (1).

NEUFCHATEAU et EPINAL. — Dans l'arrondissement de Neufchâteau, « on trouve des cadrans solaires sur les murs des églises d'Aulnois et de Fouchécourt... Les croix de villages, de chemins et de cimetières sont fréquentes, quelques-unes sont ornées d'un cadran solaire (2). » Nous n'avons pas eu la bonne fortune de rencontrer des croix de ce genre.

Dans la cour de l'hôtel de ville d'Epinal, se voit un cadran solaire avec l'inscription :

### LVX MEA LEX

*La lumière est ma loi.*

### 1823.

Nous renvoyons au recueil déjà cité pour d'autres légendes horaires, assez rares toutefois, dans la Lorraine et les Vosges (3).

ORLÉANS. — A Orléans, nous avons vu en 1909, dans la cour du Musée historique, installé dans l'hôtel Cabu, un assez grand cadran solaire gravé sur une plaque d'ardoise, portant les armes du cardinal de La Rochefoucauld, archevêque de Bourges (1751-1757).

---

(1) Ibidem. p. 12, note 7. — *Devises horaires lorraines* par Léon GERMAIN, 1887, p. 9 et 10, note.

(2) *L'Art religieux dans l'arrondissement de Neufchâteau*, par F. de LIOCOURT, 1908, dans les *Annales de la Société d'Emulation des Vosges*, 1900, p. 18 et 36.

(3) *Devises horaires lorraines*, p. 10.

PARIS. — La capitale de la France possède l'élite de nos cadrans solaires avec des légendes horaires les mieux appropriées à leur mission. En voici une revue sommaire :

Au Musée de Cluny, on voit sur le dehors de la tourelle qui se trouve près de la porte d'entrée un cadran solaire tracé à la main sur la muraille, offrant au centre un soleil avec ses rayons qui correspondent aux chiffres des heures, et autour de ceux-ci on lit :

NIL SINE NOBIS

*Rien sans nous.*

A la suite des chiffres, sur le pourtour, la même main a gravé la signature et la date :

A.B.F. 1674 (1).

A l'Hôtel des Invalides, dans la cour d'honneur, se trouve un cadran solaire du XVIIIᵉ siècle, que plusieurs devises accompagnent, faisant allusion aux vétérans qui tour à tour se reposent à l'ombre ou se réjouissent sous la lumière du soleil et y jouissent de la paix dans l'asile sous la protection des ministres de la guerre :

ANNO DNI 1770, SUB DE CHOISEUL

SUB UMBRA QUIESCUNT

ANNO DNI 1784 SUB M. DE SEGUR

SUB PACE GAUDENT

1770-1789

SUB UMBRA QUIESCUNT

SUB LUCE GAUDENT

*Ils se reposent à l'ombre, ils se réjouissent à la lumière* (2).

(1) D'autres devises se lisent encore : *Servire Deo regnare est.* — *Initium sapientiæ timor domini.* .. *Serva mandata.* — Visite au musée le 20 juillet 1894.

(2) Copié dans une visite aux Invalides le 5 février 1899.

Au Palais de Justice, c'est au bas du cadran de l'horloge placée à la tour d'angle sur le quai, ornée de cette riche décoration de la Renaissance récemment restaurée avec sa dorure, ses peintures et ses figures allégoriques (1909), qu'on a inscrit cette belle sentence :

MACHINA QVÆ BIS SEX TAM IVSTE DIVIDIT HORAS
IVSTITIAM SERVARE MONET LEGESQUE TVERI

*La machine qui divise si justement la journée en douze heures, nous apprend à observer la justice et à défendre les lois.*

On ne pouvait mieux dire comme comparaison entre le rôle de l'appareil horaire et les devoirs qu'il enseigne aux citoyens approchant du sanctuaire de la Justice.

A la Sorbonne, le cadran solaire primitif, sculpté et doré au sommet de la façade de la cour au midi, a disparu lors de la démolition, en 1892, de l'édifice reconstruit par Richelieu (1). Il a voyagé depuis, car on le retrouve à l'Observatoire de Nice (2). Mais, au même endroit, dans la cour actuelle, un semblable cadran a été refait, contenant dans une niche les deux figures du bas, assises autour d'une sphère, la méridienne au milieu et le char de Phaéton au-dessus, puis la sage devise des vieux maîtres en Sorbonne sur le cintre du sommet, texte emprunté au Livre de Job :

SICVT VMBRA DIES NOSTRI
*Comme l'ombre nos jours passent.*

Nous retrouverons cette citation biblique à la tour de l'église Saint-Remy de Troyes, avec l'indication des

(1) *Les curiosités de la rue. De quelques cadrans solaires existant encore à Paris*, par E. DE MÉNORVAL, article accompagné de cinq vues de cadrans solaires (dont celui de la Sorbonne), dans la revue *Le Livre et l'Image*, n° 4, 10 juin 1893, gr. in-8°, p. 258 à 260.

(2) *Histoire d'un Cadran Solaire*, par André HALLAYS, feuilleton du *Journal des Débats* du 7 mars 1902.

trois passages de l'Ecriture qui formulent la même sentence.

Tout près de la Sorbonne, au Lycée Louis-le-Grand, au milieu des bâtiments reconstruits eux aussi en entier dans l'ancien collège de Clermont, on voit dans la cour d'entrée sur la droite, la tour servant d'observatoire sur laquelle on a repeint les méridiennes avec tous les calculs et l'appareil horaire qu'y avaient dessinés les Jésuites au xviie siècle.

Au Belvédère du Jardin des Plantes, un cadran porte la légende due peut-être à Buffon et qui est en tout cas fort remarquable par son rapprochement entre la fonction du cadran et la sagesse de celui qui ne veut garder souvenir que des jours heureux :

### HORAS NON NUMERO NISI SERENAS

*Je ne compte que les heures sereines.*

Le poète si populaire, François Coppée, était sans doute de cet avis, car on raconte qu'il demanda que l'on changeât pour son successeur dans sa maison de campagne de La Fraizière (banlieue de Paris), la légende du cadran solaire qui était : *Ultima latet,* en celle-ci, inspirée du Jardin des Plantes : *Horas non nisi serenas* (1).

Nous ne connaissons qu'une seule église de Paris ayant gardé le cadran solaire des vieux temps. C'est un cadran avec méridienne, daté de 1666 : « A Saint-Nicolas-des-Champs, écrit M. de Ménorval, au mur de l'ancien presbytère et sous une corniche feuillagée du xve siècle, on lit cette inscription admirable comme concision :

### SOL MOMENTA
### NICOLAUS MORES

*Le soleil règle les heures, Saint Nicolas les mœurs* (2).

---

(1) *L'Intermédiaire des chercheurs et curieux,* nº du 30 janvier 1909.

(2) Article déjà cité dans la revue *Le Livre et l'Image,* 1893, p. 259.

Si nous passions maintenant aux hôtels et maisons particulières, ce serait une recherche infinie, bornons-nous à trois exemples.

Voici les devises horaires peintes sur deux cadrans solaires dans un ancien hôtel du Marais, aux environs des Archives Nationales, incomplètement pour cause de vétusté, mais intelligibles dans leur ensemble :

IMMORTALIA NE SPERES, MONET ANNUS ET HORA

...QVÆ RAPIT HORA DIEM......................

...VENIET QVÆ NON SPERABITVR HORA.

*N'espère point l'immortalité, l'année et l'heure te le conseillent. L'heure entraine le jour... Elle viendra pour tous l'heure que l'on n'attend point (1).*

Encore un emprunt à M. de Ménorval : « Sur la façade d'une vieille maison étroite et de maigre apparence, rue de Lille, 14, on lit cette sentence qui est le chef-d'œuvre du genre, en haut :

DUM PETIS, ILLA FUGIT

Et au-dessous :

QUID ASPICIS... FUGIT

*Tandis que tu cherches l'heure, elle s'envole.*
*Tu la regardes, elle fuit. »*

Terminons la série parisienne par le plus connu des cadrans, celui qui est en même temps une enseigne et pour beaucoup une énigme :

AU CHERCHE MIDI

L'érudition a tenté d'en expliquer le sens et heureu-

(1) Sans avoir retenu la rue ni le numéro, légendes relevées le 22 avril 1897.

sement le cadran lui-même survit à tous les commentaires (1).

SENS. — C'est une légende à l'usage des écoliers que l'on nous indique sur l'horloge du lycée de cette ville ; elle est ingénieuse :

LUDIMUS ; INTEREA CELERI NOS LUDIMUR HORA

*Nous jouons, pendant ce temps nous sommes joués par la rapidité de l'heure* (2).

La Société archéologique de Sens, dans sa séance du 9 novembre 1908, recevait la communication suivante :

« M. Saint-Peré, architecte à Paris, qui fait des recherches sur les cadrans solaires, demande qu'on veuille bien lui faire connaître tous ceux de la région avec leurs particularités.

« Plusieurs membres de la Société donnent quelques indications sur les cadrans de Sens et des environs (3). »

TROYES. — Les cadrans solaires de cette ville et des environs ont un caractère fort original ; nous en offrons la minutieuse description qui nous a été envoyée avec autant de précision que de parfaite obligeance, par M. Louis Morin, correspondant du Ministère et si zélé pour les recherches en tous genres, dans sa lettre du 2 février 1909.

« Le plus saillant de ces cadrans est celui de l'Hôtel de Ville, monument du xviie siècle dont il décore la façade ; il ne comporte pas d'inscription, on y lit seulement les noms des mois et l'indication du méridien de Paris. Quatre des signes du zodiaque y sont incrustés dans la pierre, tandis que les autres sont seulement

---

(1) Voir le dessin de ces deux derniers cadrans dans *Le Livre et l'Image*, 1893, p 261. Cf. *Le Cherche-Midi* par A. CHAMPOUDRY, dans le *Magasin Pittoresque*, 15 avril 1900, p. 181 à 184.

(2) *L'Intermédiaire*, n° du 20 juin 1908.

(3) *Bulletin de la Société*, t. xxiv, année 1909, p. xxxiii.

gravés. Il est bien postérieur à l'édifice, ayant été fait par M. Bazin, professeur de mathématiques, auteur de la carte de Champagne et de Brie de 1790. Il a d'ailleurs été décrit par M. Charles Delaunay, au point de vue astronomique, dans un article qui offre tous les éclaircissements nécessaires (1).

« La cour de l'Hôtel de Ville conserve encore le cadran primitif et contemporain de la fin de la construction, il porte la date de 1671, il est également sans inscription horaire.

« A l'Hôtel-Dieu, il y a deux cadrans solaires superposés, tracés par J.-B. Ludot, en 1764 (2). Sur le plus grand est une légende dont je n'ai pu lire que le dernier mot sur trois ou quatre :

..........TEMPUS.

« Peut-être pourrez-vous compléter (3). Il y en a un sous la galerie du Musée, mais sans intérêt.

« Sur la tour de l'église Saint-Remy, datée de 1386 on lit l'inscription qui accompagnait un cadran solaire du xviii᷈ siècle :

SICVT VMBRA DIES

NOSTRI SVPER TERRAM

JOB.VIII.PSAL.CI.PAR.I.XXIX.

1772-1886

*Semblables à l'ombre, sont nos jours sur la terre* (4).

(1) *Note sur le cadran solaire de l'Hôtel de Ville de Troyes*, dans l'*Annuaire de l'Aube*, 1853, p. 213 à 224.

(2) *Le cadran solaire de l'Hôtel-Dieu* (de Troyes), par l'abbé Prévost, Troyes, Nouel, 1910, in-8°. Ce cadran eut pour auteur J.-B. Ludot Troyen savant et original.

(3) Le texte pourrait être : « *Fugit irreparabile tempus.* »

(4) C'est bien le texte de Job (VIII, 9), qui est donné ici ; voici le texte des Psaumes. « *Dies mei sicut umbra declinaverunt* (Ps. CI 12) ; et celui des Paralipomènes : « *Dies nostri quasi umbra super terram* » (I, XXIX, 15).

« Le Musée de Troyes possède un carreau vernissé du XVI⁰ siècle, avec l'appareil d'un cadran solaire circulaire ; les heures y sont inscrites autour, de 5 heures du matin à 8 heures du soir. Un soleil avec ses rayons occupe le centre, et au-dessous une autre figure, sorte de roue avec la légende :

TOVT . TOVRNE . QVANT . IE . REMVE.

La devise horaire se lit au bas :

POST TENEBRAS SPERO LVCEM

Quatre étoiles ornent les écoinçons (1).

« Dans la banlieue de Troyes, à l'église de Saint-André, commune limitrophe, au midi de l'abside, se trouve un cadran solaire de 1789, pourvu de légendes commémoratives des faits de cette époque qui frappa si profondément les populations. Ce sont des inscriptions historiques, au premier chef, données en lettres capitales avec le cours du soleil en ces journées fameuses, qui ne passent cependant qu'après le jour de la fête du patron :

PARALLELE QUE LE SOLEIL DECRIT

LE JOUR DE SAINT ANDRE.

AUTRE PARALLELE QUE LE SOLEIL

DECRIT LE [5] MAI 1789, CE JOUR

ON A FAIT A VERSAILLES L'OUVERTURE

DES SEANCES DE L'AUGUSTE

ASSEMBLEE NATIONALE

(1) Un fragment d'un semblable cadran se trouve au Musée de Reims provenant du don de M. Théophile Habert. *Catalogue des carreaux vernissés du musée de Troyes*, par M. Le CLERT (pl.. XII, n° 196), et *Etude sur les carreaux vernissés* par M l'abbé A. CHEVALLIER, (1902, page 51).

AUTRE PARALLELE QUE LE SOLEIL
DECRIT LE 14 JUILLET 1789, CE
JOUR LA BASTILLE A ETE PRISE
D'ASSAUT PAR LES PARISIENS
ET LES GARDES FRANÇAISES.

AUTRE PARALLELE QUE LE
SOLEIL DECRIT LE 6 OCTOBRE
1789, JOUR QUE [LA FAMILLE
ROYALE......... (1)] FUT TRANS-
PORTE DE VERSAILLES A
PARIS ET IMMEDIATEMENT
NOS CHERS ET AUGUSTES
REPRESENTANTS.

THEVENOT LAINE FECIT. »

Ici s'arrêtent, sur ce cadran à éphémérides bien
rares en leur genre, nos listes de renseignements en
dehors de Reims et de la région rémoise. Nous remercions tous nos correspondants de la collaboration dont
ils nous ont fait bénéficier si généreusement dans la
revue ou plutôt l'aperçu des cadrans solaires français.

---

(1) Ici plusieurs mots ont été enlevés à l'aide d'un ciseau. — Ces
curieux textes ont déjà été publiés par M. Louis Morin dans un petit
journal local : *La Lune Troyenne*, n° du 26 juin 1887. — Cf. *Annuaire
de l'Aube*, 1911, Cadran solaire de Saint-André, par l'abbé PRÉVOST.

# ADDITION

Un cadran solaire est encore à sa place au château
de Versailles, sur une façade de l'étroite et sombre cour
des Cerfs, que l'on veut modifier fâcheusement en 1912
pour y établir la chaufferie centrale. Voir à ce sujet
les notes d'André HALLAYS, *En flânant, Versailles*, dans
le *Journal des Débats* du 9 février 1912.

# ERRATUM

Page 24, ligne 11, à Montigny-sur-Vesle, au second
cadran cité sans devise, ajoutez la légende ancienne :

### ET SIC LABITVR ÆSTAS

qui est gravée au sommet de l'appareil horaire peint
au-dessus de la porte d'une vieille maison voisine de
l'église.

# CONCLUSION

A cette longue énumération de cadrans, à tant
de sentences et de devises, nous sera-t-il permis
d'ajouter encore deux choses : une brève conclusion et un appendice ? Ce dernier comprendra
une *Manière de construire les cadrans*, formulée
au xiiᵉ siècle dans un manuscrit de la Bibliothèque de
Reims, puis un *Choix de devises* d'un auteur inconnu
du xviiᵉ siècle, emprunté aux recueils d'un savant géno-
véfain rémois, P. N. Pinchart. On y trouvera de
curieuses citations et des commentaires non moins ingé-
nieux et féconds au point de vue moral et religieux
comme au point de vue de la sagesse pratique (1).

Un second choix sera emprunté au recueil du docteur
Raphaël Blanchard.

Quant à notre conclusion, elle ne peut être meilleure
qu'en l'empruntant à une lettre de l'un de nos correspondants, M. Ernest Jovy, professeur de philosophie au
collège de Vitry-le-François, qui nous écrivait à propos
de notre étude qu'elle était « nourrie de faits, de
remarques archéologiques et de reproductions précieuses qui arrachaient à la destruction et à l'oubli
une foule de curieux débris. » Il ajoutait: « Cette étude
est, en outre, toute pleine de philosophie, car je ne
vois rien de plus philosophique que toutes ces réflexions
très positives et en même temps très mélancoliques de

---

(1) Consulter aussi les *Devises relevées sur des cadrans de pendules
et d'horloges des xviᵉ et xviiiᵉ siècles*, publiées par Henri TAUSIN dans
le Supplément au *Dictionnaire des Devises*, t. ii, 1895, p. 580. — *Les
Cadrans solaires*, par J.-C.-N. FORESTIER, article accompagné de cinq
vues de cadrans, dans la revue *Fermes et Châteaux*, 1ᵉʳ octobre 1910,
p. 36, 38. — *La Vie à la Campagne*, nⁿ 132.

nos pères sur la vie, le temps, l'éternité (1). » Encouragé ainsi dans cette recherche de sentences bienfaisantes pour l'âme, nous en choisirons une qui ne figure pas dans la liste parcourue et que nous graverions sur un cadran solaire idéal :

## DUM TEMPUS HABEMUS
## OPEREMUR BONUM

*Tandis que nous en avons le temps, faisons le bien* (2).

(1) Lettre du 27 décembre 1909.

(2) Saint-Paul aux Galates, chap. 6, verset 10. — Sous une autre forme: *C'est toujours l'heure de faire le bien*, sentence d'un cadran solaire à Auray (Morbihan), cité par Léon GERMAIN dans ses *devises horaires lorraines*, p. 7.

# APPENDICE

## I

Manière de construire un cadran solaire, formulée au XIIᵉ siècle dans un manuscrit de la Bibliothèque de Reims (1).

« *Scias quantum sol debet ascendere in ipsa die qua volueris horas probare, et ipsam ascensionem vel altitudinem solis, a primo gradu ortus solis usque ad ultimum, partire per VI partes, ipsasque signa, et dum sol pervenerit ad ipsa signa in halhidada, scies sic horas certas usque ad VI tam ; et post VI tam, returna descendendo usque ad occassum ; sed tu, lector, si diligenter animadvertere queris, tu ipse per predictam vaztolcoram, id est speram plenam, diversa poteris fabricare horologia.* »

(Une main du XIIᵉ siècle donne ces indications sur le manuscrit 134 de la Bibliothèque de Reims, manuscrit provenant de l'abbaye de Saint-Thierry, fº 135 vº, voir le Catalogue, t. I, p. 128.)

### TRADUCTION

Sache de combien le soleil doit monter dans le jour dont tu voudras marquer les heures, et cette ascension ou hauteur du soleil, tu la diviseras en six parties depuis le premier degré de son lever jusqu'au dernier, mettant un signe sur chacune d'elles, et quand le soleil arrivera sur ces signes tracés par l'alidade, tu sauras ainsi les

---

(1) A signaler encore dans notre dépôt rémois la *Gnomonique ou science des horloges solaires*, mise en pratique par M. DEMICHEL, anno 1667, manuscrit nº 984 de la Bibliothèque de Reims, petit in-folio, reliure du temps, de 350 pages, avec nombreuses figures géométriques et calculs, table des matières à la fin, sans légendes horaires.

heures certaines jusqu'à la sixième ; et, après la sixième, retourne en descendant jusqu'au coucher du soleil ; alors toi, lecteur, si tu cherches à te rendre compte avec soin, toi-même par le calcul ci-dessus, c'est-à-dire par la sphère entière, tu parviendras à fabriquer diverses horloges.

## II

### Devises pour les cadrans

(*Extrait d'un manuscrit de la Bibliothèque de Reims*).

*Duplicat umbras,* ayant égard au soleil qui fait croître les ombres à proportion qu'il s'éloigne de nous et aux ombres de la mort qui avancent au prix que les heures sont marquées par celles de l'aiguille.

*Et spe et metu,* parce que, selon les heures bonnes ou mauvaises qui doivent arriver, on espère ou on craint.

*Passibus æquis,* ce mot de Virgile répond à l'égalité du mouvement de l'ombre et de la clarté du soleil.

*Omnibus idem,* parce que le soleil produit un même effet en toutes les heures come Dieu tout bon et tout puissant est le même à toutes ses créatures.

*Stylo cuncta premit,* parce qu'en effet l'aiguille porte son ombre à toutes les parties du cadran et qu'il n'y a rien au monde que le temps, figuré par le soleil, ne perce de ses traits.

*Num ultima ? quis scit ?* Celle-ci est morale et chrétienne tout ensemble, ayant égard à cette parole de l'Evangile : *nescitis diem neque horam* (1).

---

(1) A rapprocher de la sentence d'un cadran de 1690 à Thônes (Savoie) :

*Tu vois l'heure*
*Tu ne sçais l'heure.*

et de celle d'un cadran d'une ferme aux environs de Paris : *Il est plus tard que tu ne crois.* — (*Bulletin du diocèse de Reims,* 5 novembre 1910, p. 553).

*Quæ sit quis scit,* parce qu'en effet tous les hommes ignorent quelle sera l'heure en laquelle ils mourront.

*Ultimæ memor,* c'est-à-dire qu'il faut toujours penser à la mort.

*Giro brevi,* regarde la briéveté de la vie qui s'échape, comme le soleil, par une course qui s'échape promptement.

*Sic ad metam currimus omnes,* voulant dire que nous courons tous vers le bout de la course, comme l'ombre du cadran qui parvient à la dernière heure du jour en peu de temps.

*Trita via sed non peracta,* car la route du soleil, où il passe si souvent, n'est pas encore achevée.

*Sol solus solo salo,* celle cy est un jeu de parole pour dire que le soleil est une illustre figure, est le seul qui exerce son empire absolu sur la terre et sur la mer.

*Ex illis una,* parce que de toutes les heures du jour, il y en aura une seule qui sera proprement la nôtre, et pour dire aussi que l'aiguille n'en marque qu'une seule à la fois.

*E fulgore cadit,* car l'ombre se forme par le corps interposé à la lumière, et cela regarde aussi l'éclat de la fortune de quelqu'un qui les expose au danger de sa chûte.

*Obscurata signat,* voulant dire que l'heure ne se marquant que par l'obscurité, nous donne avertissement de la mort.

*Aspicit et despicit,* parce que come le soleil regarde l'aiguille et abaisse son image sur la table du cadran, aussi le vrai soleil de justice, qui nous regarde, nous abaisse vers la terre pour nous humilier quand nous concevons des pensées d'orgueil.

*Deficit aliquando,* parce que le soleil n'éclaire pas toujours.

*Momentaneo cursu sed perenni,* parce que le cours du soleil, roy des jours et des heures, s'achève en peu de temps et ne finit jamais.

*Nec sine luce viget,* car le cadran ne marqueroit pas les ombres si le soleil n'éclairoit jamais, come nous serions bientôt anéantis si nous n'étions soutenus par la vraie lumière qui nous prête la vie.

*Absente perit,* revient presqu'au même sens.

*Utrumque monet,* c'est-à-dire la fin du jour et la fin de la vie.

*Omnibus non semper,* parce qu'il y a des intervalles que le soleil ne communique pas sa lumière, comme il y a des temps que Dieu retire ses grâces des pêcheurs.

*Ignota certa tamen,* faisant allusion à ce que l'heure de la mort est inconnue, bien qu'elle soit certaine.

*Non uni tantum,* parce que le soleil n'éclaire moins pour les uns que pour les autres, et qu'il se communique à toutes les heures successivement.

*Non aufert sed differt,* faisant allusion à l'aiguille du cadran qui n'empêche pas tout à fait la clarté du soleil, mais qui en diffère pour un moment la vive splendeur, ayant aussi égard aux rayons du vray soleil de justice qui ne se communiquent pas toujours également.

*Aspice et aspiciar,* come si le cadran disoit au soleil : si vous ne me regardez pas on n'aura pas de soucy de me regarder, ce qui s'applique aussi aisément à plusieurs qui ne seroient pas considérables sans la faveur du roy ou plutôt à ceux qui élèvent leurs pensées jusqu'à Dieu.

*Splendori obstet sic phœbo fratri,* voulant dire que l'ombre de l'aiguille fait obstacle à la lumière du soleil come la lune quand elle eclipse sa clarté, ce qui ne dure que bien peu de temps, sans que l'un porte plus de préjudice à la terre que l'autre aux lignes qui sont marquées sur le cadran.

*E defectu quadrat,* parce que le petit eclipse du soleil qui tombe sur la ligne du cadran qui marque l'heure à son juste rapport au grand astre qui éclaire le monde et qui nous fait connaître en quelque façon les momens de notre vie.

*In conspectu suo*, car l'heure ne peut subsister que par les regards du soleil, non plus que la vie sans les regards de la misericorde infinie.

*Nescitis diem neque horam*

(*Bibliothèque de Reims, Cabinet des Manuscrits,* Extrait du Recueil manuscrit et inédit de P. N. PINCHART, chanoine régulier, au t. XIV, n° 1152, pages 155 et 156).

## III

### L'art populaire dans le Briançonnais

*Les Cadrans Solaires,* par Raphaël BLANCHARD, professeur à la Faculté de médecine de Paris, membre de l'Académie de Médecine, 2ᵉ édition, 1901, avec 31 figures. *Paris, Société d'Editions scientifiques,* gr. in-8 de 45 pages.

### Choix de devises extraites du Recueil du docteur Raphaël Blanchard

Figure 4 :

*Il est plus tard que jeunesse ne pense*
*Tôt ou tard il faut mourir*
*Avare pense z-y.*

Fig. 6 :

*Vous qui passé*
*Souvenez vous en passant*
*Que tout passe comme je passe.*

Fig. 9 :

*La dernière décide de toutes.*

Fig. 10 :

*Una dabit quod negat altera.*

Fig. 15 :

*Sit fausta quæ latet.*

A la façade du Palais de Justice de Briançon :

*Ante Solem permanet nomen domini*
*A solis ortu usque ad occasum.*
*Hæc cum sole fugax Themidis Martisque labores.*
*Et venale forum dirigit umbra simul.*
*Sit nomen domini benedictum.*

Fig. 17 :

*Ora ne te fallat hora.*

Fig. 19 :

*Sol*

*Sans ta clarté et ta chaleur*
*Nous n'aurions ny heure ni fleur.*

Fig. 20 :

*C'est toujours l'heure de bien faire.*

Fig. 21 :

*Ne sistas, te lux altius ire monet.*

Fig. 22 :

*Cui domus, huic hora.*

Fig. 24 :

*Sine sole sileo, sine nube placeo*
*Benedicite stellæ cœli domino*
*Adonai memento mei*
*O Jehovah adjuva me.*

Fig. 25 :

*In lucem omnia vana*
*Vita fugit sicut umbra*
*Cœlum regula* FORTE TUA.

Fig. 26 :

*Sans le soleil je ne suis rien*
*Et toi sans Dieu tu ne peux rien.*

**FIN**

# TABLES DES MATIÈRES

## APPENDICE

# TABLE DES ILLUSTRATIONS

# TABLE DES LOCALITÉS

## où se trouvent les Cadrans solaires de ce recueil

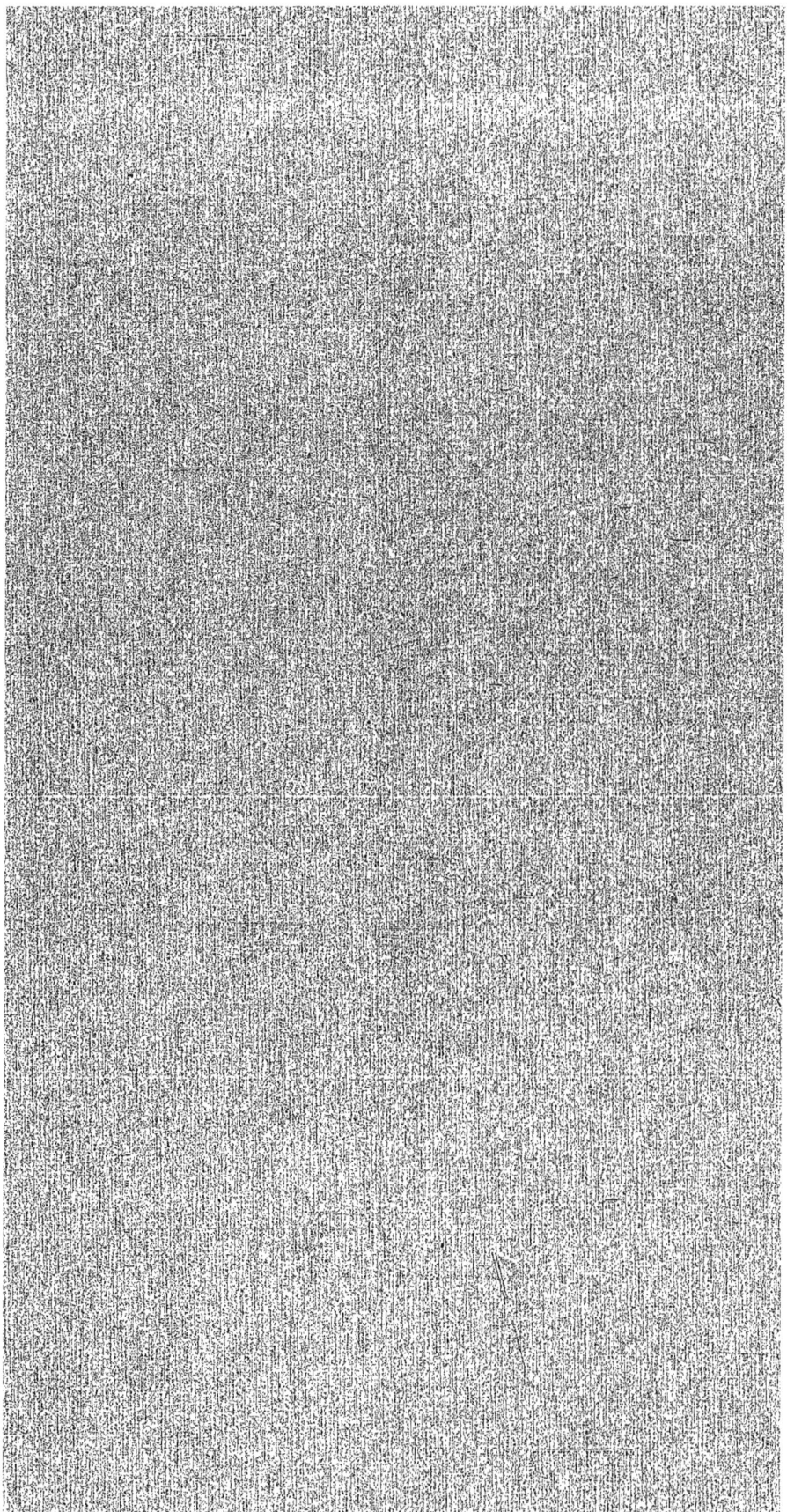

# TABLE
## DES FABRICANTS DE CADRANS SOLAIRES

—

xtrait de l'*Almanach-Annuaire de la Marne, de l'Aisne et des Ardennes*

*Reims, Matot-Braine*, Années 1909, 1910 et 1911

———————

TIRAGE A PART, AVEC ADDITIONS

A 100 EXEMPLAIRES

TERMINÉ AU MOIS D'AVRIL 1912

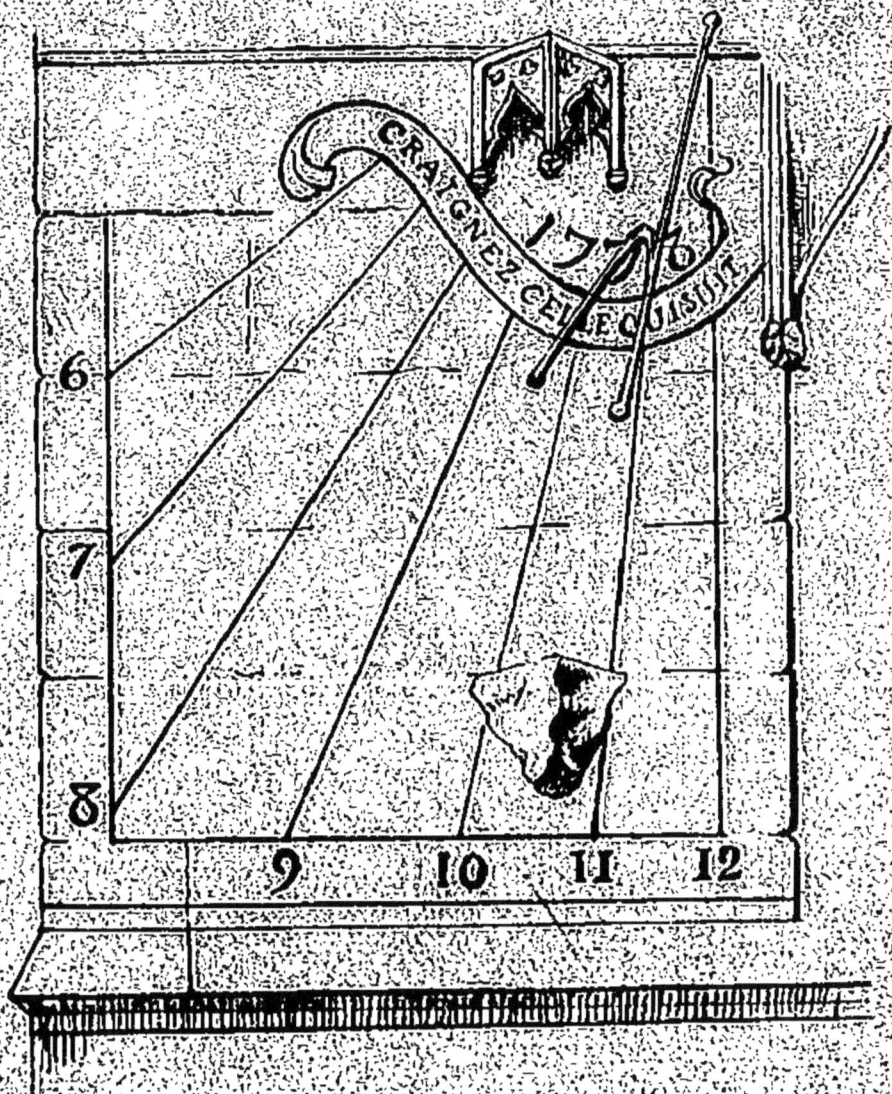

CRAIGNEZ CELLE CI SUIT

1770

6
7
8    9    10    11    12

www.ingramcontent.com/pod-product-compliance
Lightning Source LLC
Chambersburg PA
CBHW052357090426
42739CB00011B/2399